绿色施工科技示范工程申报与创建参考手册

陈 浩 主编

中国建筑工业出版社

图书在版编目（CIP）数据

绿色施工科技示范工程申报与创建参考手册/陈浩主编．—北京：中国建筑工业出版社，2020.7

ISBN 978-7-112-25089-9

Ⅰ.①绿…　Ⅱ.①陈…　Ⅲ.①生态建筑-工程施工-手册　Ⅳ.①TU74-62

中国版本图书馆 CIP 数据核字（2020）第 075636 号

本手册是“十三五”国家重点研发计划项目“绿色施工与智慧建造关键技术”（2016YFC0702100）的研究成果总结之一。手册内容包括：1 概述；2 创建流程；3 实施要点；4 技术指标解析及相关附件。本手册适合广大建筑施工领域的管理人员、技术人员阅读使用。

责任编辑：张伯熙　曹丹丹
责任校对：李美娜

绿色施工科技示范工程申报与创建参考手册
陈　浩　主　编
*
中国建筑工业出版社出版、发行（北京海淀三里河路 9 号）
各地新华书店、建筑书店经销
北京鸿文瀚海文化传媒有限公司制版
天津安泰印刷有限公司印刷
*
开本：787×1092 毫米　1/16　印张：10½　字数：257 千字
2020 年 9 月第一版　　2020 年 9 月第一次印刷
定价：**38.00** 元
ISBN 978-7-112-25089-9
（35888）

编　委　会

前　言

中华人民共和国住房和城乡建设部绿色施工科技示范工程是指在绿色施工过程中应用和创新先进适用技术，在资源节约、环境保护、减少建筑垃圾排放、提高职业健康和安全水平等方面取得显著社会、环境与经济效益，并具有辐射带动作用的建设工程项目。本手册依据住房和城乡建设部在2019年1月发布的《住房城乡建设部绿色施工科技示范工程技术指标及实施与评价指南》，并结合主编单位近几年创建项目实际工作经验进行编制，旨在对创建“住房和城乡建设部绿色施工科技示范工程”的施工项目提供指导。

本手册是“十三五”国家重点研发计划项目“绿色施工与智慧建造关键技术”（2016YFC0702100）第5课题“施工全过程污染物控制技术与监测系统研究及示范”（2016YFC0702105）研究内容的衍生成果，由课题承担单位湖南建工集团有限公司主编。

由于作者水平有限，手册在编写中存在的缺点和不足在所难免，请读者提出宝贵意见。另外，手册所引用的相关文件为手册编制时期的有效版本，仅作参考，正式创建时应以当年发布的最新文件为依据。

目　　录

1 概 述

本章对住房和城乡建设部绿色施工科技示范工程的定义、主管机构、创建流程和申报条件作简要介绍，便于读者对该示范工程有全局的认识，为判断工程是否适合创建提供参考。

1.1 定义

住房和城乡建设部绿色施工科技示范工程是指绿色施工过程中应用和创新先进适用技术，在资源节约、环境保护、减少建筑垃圾排放、提高职业健康和安全水平等方面取得显著社会、环境与经济效益，并具有辐射带动作用的建设工程项目。

1.2 定义分析

（1）住房和城乡建设部绿色施工科技示范工程（以下简称“绿施示范工程”）性质上属于中华人民共和国住房和城乡建设部（以下简称“住房和城乡建设部”）科技课题，其申报与创建流程与科技课题管理流程一致。

（2）绿施示范工程是在绿色施工过程中应用和创新先进适用技术，因此绿色施工是其根本，也就是说绿施示范工程的前提必须是绿色施工工程。

（3）先进适用技术包含“应用”和“创新”两层含义，“应用”指的是行业内先进的技术要积极的应用；“创新”指的是工程本身应有自主创新技术。

（4）绿施示范工程的目的是“在资源节约、环境保护、减少建筑垃圾排放、提高职业健康和安全水平等方面取得显著社会、环境与经济效益”，紧扣“节约资源，保护环境”的国家政策，实现“经济、社会、环境”三大效益。

（5）绿施示范工程还必须具有“辐射带动作用”，也就是示范效应，能在当地或行业内有一定的影响力，能促进技术发展，行业进步。

1.3 主管机构

（1）绿施示范工程主管单位为中华人民共和国住房和城乡建设部标准定额司。

（2）绿施示范工程委托管理单位为中国土木工程学会总工程师工作委员会。

（3）绿施示范工程地方主管部门为工程所在地住房和城乡建设行政主管部门。如工程在湖南省境内，地方主管部门为“湖南省住房和城乡建设厅”；如工程在天津市境内，地方主管部门为“天津市住房和城乡建设委员会”。

1.4 创建流程

网上申报→地方主管部门审核→立项评审→过程监督→验收评审。

1.5 申报条件

（1）申报单位申报的项目应属于住房和城乡建设领域重点工作和申报范围，并具有相应工作基础。

（2）申报“绿施示范工程”的项目申报单位应在中国大陆境内注册，具有独立法人资格。申报单位对拟申报的项目需拥有自主知识产权，对申报材料的真实性负责。

（3）项目负责人在项目执行期内应为在职人员，并能保证精力和时间投入。

（4）申报“绿施示范工程”的项目应合法、合规。

（5）申报“绿施示范工程”的项目应是具有一定规模的拟建或在建项目，工程规模应符合以下要求：

1）公共建筑一般应在 3 万 m^2 以上。

2）住宅建筑：

① 住宅小区或住宅小区组团一般应在 5 万 m^2 以上；

② 单体住宅一般应在 2 万 m^2 以上；

③ 住宅建筑必须为装配式、全装修建筑。

3）应用重大、先导、高新技术的建筑可不受规模限制。

2 创建流程

本章对住房和城乡建设部绿施示范工程创建流程作详细介绍，从申报立项到过程监督再到最后的验收评审，每一个环节的工作程序都介绍清楚，方便绿施示范工程创建项目参照执行。

绿施示范工程的创建流程主要有：网上申报、地方主管部门审核、立项评审、过程监督和验收评审。

2.1 网上申报

1. 通知发布

绿施示范工程申报时间以住房和城乡建设部官网上发布的申报通知为准，通知全称为："住房和城乡建设部办公厅关于组织申报20××年科学技术计划项目的通知"。见图2.1-1。

索 引 号：000013338/2019-00184

主题信息：标准定额

发文单位：中华人民共和国住房和城乡建设部办公厅

生成日期：2019年06月03日

文件名称：住房和城乡建设部办公厅关于组织申报2019年科学技术计划项目的通知

有 效 期：

文　　号：建办标函〔2019〕342号

主 题 词：

废改立情况：

住房和城乡建设部办公厅关于组织申报2019年科学技术计划项目的通知

各省、自治区住房和城乡建设厅，直辖市住房和城乡建设（管）委及有关部门，新疆生产建设兵团住房和城乡建设局，国资委管理的有关企业，部直属有关单位：

为落实创新驱动发展战略，引导住房和城乡建设领域科技创新方向，进一步提升行业创新能力，根据《住房和城乡建设部科学技术计划项目管理办法》，我部决定组织开展2019年科学技术计划项目申报工作。现将有关事项通知如下：

图2.1-1　申报通知图

绿施示范工程属于通知中"科技示范工程类"中的"3. 绿色技术创新综合示范"中的"（4）绿色施工科技示范工程"。

2. 网上申报

绿施示范工程的具体申报是通过住房和城乡建设部科学技术计划项目管理系统（以下简称管理系统，网址：http：//kjxm. mohurd. gov. cn）进行，注意：项目所有完成单位（包括申报单位和合作单位）都需在该系统中进行注册，未注册单位不能作为项目完成单位。见图 2.1-2。

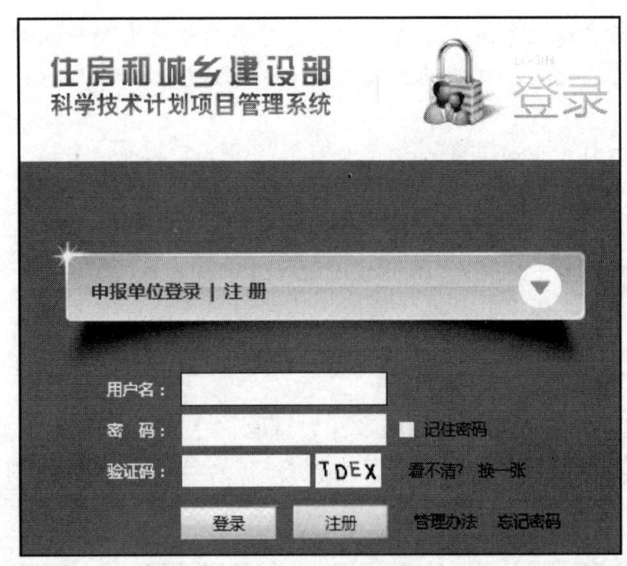

图 2.1-2 管理系统登录页面

申报单位必须为项目第一完成单位，绿施示范工程一般由建设或开发单位申报，或由建设、开发、施工总承包、施工、设计、示范技术的技术依托单位等联合申报；也可经建设或开发单位同意后，由设计、施工总承包单位等联合或其中一家单位申报，申报立项后的所有工作均由项目第一完成单位负责。

绿施示范工程申报单位按照《住房和城乡建设部科学技术计划项目管理办法》建科［2009］290 号文件（附件 1）和当年《住房和城乡建设部办公厅关于组织申报 20××年科学技术计划项目的通知》的要求，登录管理系统注册、填报绿施示范工程申报书。

申报书内容以登录管理系统具体内容为准，一般包括以下内容：

（1）申报单位概况；

（2）申报单位相关工作基础；

（3）项目概况；

（4）项目目标和预期成果（重点描述标志性成果）；

（5）项目主要实施内容（包括项目示范内容、拟解决的关键问题和难点分析、示范技术（模式）的先进性和创新性，项目考核指标及考核方式）；

（6）技术路线和计划进度（包括项目实施技术路线、分阶段目标和工作计划、成果转化和服务推广计划）；

（7）实施效果分析（①项目实施对推动住房和城乡建设领域科技进步的作用；②社会、经济和环境效益分析；③项目示范意义及推广价值、推广可行性、推广范围）；

(8) 保障措施（包括项目组织方式、各参与方的责任分工、项目责任人与项目团队实力、资金概算及筹措方案和风险控制措施）;

(9) 主要研究人员；

(10) 项目研究单位及合作单位（未加盖公章的单位不予认可）;

(11) 审查意见；

(12) 附件。

申报书内容具体可参考《住房和城乡建设部科技示范项目申报书》(附件 2)。

其中“(12) 附件”主要为申报技术资料（实施方案），一般应包含以下内容：

1）项目概况及绿色施工难点；2）示范工程考核指标；3）主要示范技术及对节能降耗减排的作用；4）绿色施工科技示范组织管理和实施管理；5）为完成考核指标所采取的主要措施；6）绿色施工的“四新”应用及技术创新点；7）主要机械设备详表；8）绿色施工购置清单；9）施工总平面图布置；10）资金投入和工作人员投入详表等。

附件将以 word 文本格式直接上传。

申报书网上填报完毕，技术资料（实施方案）作为附件上传成功，经审核无漏项和错误后，点击“提交”。

2.2 地方主管部门审核

工程所在地住房和城乡建设行政主管部门对绿施示范工程实施在线审查，对审核通过的绿施示范工程予以推荐。

地方主管部门审核的基本原则是：突出重点，严格把关，注重质量。对在研究、开发和工程示范中没有相应工作基础的申报单位申报的项目、不属于住房和城乡建设领域重点工作和不属于当年《住房和城乡建设部办公厅关于组织申报 20××年科学技术计划项目的通知》申报范围的项目，不予推荐。同时，加强对本地区（单位）以往推荐并立项项目的清理，计划项目执行率低的单位，严格控制申报新项目数量。

对通过地方主管部门审核并予以推荐的绿施示范工程，申报单位在管理系统中用 A4 纸打印申报书（带有条码）和技术资料（1 式 2 份），左侧装订成册，并加盖申报单位和合作单位公章后送工程所在地住房和城乡建设行政主管部门。

工程所在地住房和城乡建设行政主管部门在纸质申报书相应栏目内签署意见并加盖公章后，汇总本地区（单位）的申报项目材料，将推荐函和推荐项目清单、各项目申报材料（1 式 1 份）寄送至住房和城乡建设部标准定额司。

2.3 立项评审

1. 立项答辩会通知发放

通过工程所在地住房和城乡建设行政主管部门审核并推荐的绿施示范工程，在住房和城乡建设部标准定额司收到符合要求的申报书及技术资料后，会接到参加立项答辩会的会议通知。绿施示范工程的答辩会会议通知一般由委托管理单位“中国土木工程学会总工程师工作委员会（以下简称总工程师委员会）”发放，见图 2.3-1。

中国土木工程学会总工程师工作委员会文件

★

关于召开“住房和城乡建设部绿色施工科技示范工程”
立项答辩会的通知

各有关单位：

兹定于XXXX年X月X~X日在北京召开XXXX年度“住房和城乡建设部绿色施工科技示范工程”立项答辩会议。现将有关事宜通知如下：

图 2.3-1 立项答辩会会议通知

住房和城乡建设部标准定额司组织成立专家组对申报项目分专业进行立项评审。专家组成员从住房和城乡建设部专家委员会专家库中遴选。每一类专业的评审专家组由5名以上专家组成。

2. 立项答辩会会议内容

立项答辩会采取所有答辩项目排序后，依次进场现场答辩的方式进行。会议内容如下：

（1）项目汇报（项目准备不超过5分钟的PPT）；

（2）专家质询。

3. 答辩PPT汇报主要内容

（1）工程概况（工程地点、结构类型、层高、建筑面积、总投资等）；

（2）研究背景（工程重难点）；

（3）研究内容（主要示范内容：示范内容形成的技术成果、成果预计对节约资源、保护环境的贡献、成果的应用前景等）；

（4）主要考核指标（尽可能量化，并说明制定依据）；

（5）实施效果分析；

（6）保障体系；

（7）工程的合法合规性。

立项评审结果会在管理系统中体现，通过立项评审的项目申报状态变更为“确认收到立项通知”；没有通过立项评审的项目申报状态变更为“拒绝立项”。

2.4 过程监督

1. 通知发放

绿施示范工程应在项目结构封顶前提出过程监督申请，同时提交《住房城乡建设部绿色施工科技示范工程中期报告》(附件 3)。

绿施示范工程委托管理单位总工程师委员会在收到过程监督申请和中期报告后，会与绿施示范工程联系人协商具体到现场的监督时间，确定好时间后，发放正式的通知，见图 2.4-1。

关于对“XXXX 工程”项目实施过程咨询指导的通知

各有关单位：

XXXX 公司承担的住房和城乡建设部绿色施工科技示范工程——“XXXX 工程”项目目前已完成结构施工，根据《住房和城乡建设部绿色施工科技示范工程管理实施细则（试行）》，兹定于 XXXX 年 X 月 X 日对该项目进行过程指导，现将有关事宜通知如下：

1．时间安排：XXXX 年 X 月 X 日上午 8：30—下午 16：30。

2．地　　点：XX 省 XX 市

图 2.4-1　过程咨询指导通知

2. 会议流程

过程咨询会议一般流程如下。

(1) 会议开始，介绍到会领导和专家；

(2) 项目承担单位有关领导致欢迎辞；

(3) 承建单位汇报绿色施工科技示范工程实施情况；

(4) 项目业主单位、设计单位、监理单位进行补充，并对项目承担单位开展的绿色施工工作进行评价；

(5) 专家质询；

(6) 现场查验工程情况；

(7) 查阅工程相关资料；

(8) 专家组讨论并给出整改意见；

(9) 项目承担单位领导表态发言；

(10) 业主、设计、监理代表表态发言。

3. 资料准备

过程咨询一般采用会议形式，绿施示范工程在会前须准备好如下资料：

(1) 项目实施的过程总结报告（word 版）；

(2) 项目实施的过程汇报材料（PPT 版）；

(3)《绿色施工科技示范工程实施方案及推广计划》(详见本手册 4.4 节)；

(4) 监理单位出具的《工程质量安全证明》(盖监理公司章，会后交由总工程师委员会领队带走)，见图 2.4-2；

(5) 过程数据统计记录、影像资料和分析报告；

（6）其他应提供的证明材料。

工程质量安全证明

我单位就“×××”项目施工过程做出如下郑重承诺：

该项目截止××××年××月××日的施工期间：

1. 未发生重大质量安全事故或严重污染环境；

2. 未发生安全生产死亡责任事故；

3. 未发生群体传染病、食物中毒等责任事故；

4. 施工中未因“四节一环保”问题被政府管理部门处罚；

5. 施工未发生扰民现象。

××××（公章）

年 月 日

图 2.4-2 工程质量安全证明

另外，绿施示范工程还需要填报好《住房和城乡建设部绿色施工科技示范工程过程评价指导意见书》（附件 4）的第一～四部分，于会前 2～3 天将电子版发给总工程师委员会供咨询专家提前熟悉工程情况。

4. 参会人员

过程咨询会议参会人员：总工程师委员会领队；专家组成员（一般为 4 名专家）；业主方代表、设计单位代表、监理单位代表、绿施示范工程申报单位及项目部有关人员。

5. 监督结论

专家组进行过程监督后，会根据监督情况总结完整的《住房和城乡建设部绿色施工科技示范工程过程评价指导意见书》（附件 4），由总工程师委员会加盖公章后，发回给绿施示范工程。

《住房和城乡建设部绿色施工科技示范工程过程评价指导意见书》（附件 4）属于绿施示范工程创建过程中的重要文件，一定要注意保存。

2.5 验收评审

1. 验收申请

“绿施示范工程”自申报的竣工日期起 3 个月内，由项目承担单位登录到“管理系统”（http：//kjxm.mohurd.gov.cn）提交验收申请。

绿施示范工程承担单位在线填报《住房和城乡建设部科技计划项目验收申请表》（附件 5）和《住房和城乡建设部绿色施工科技示范工程研究报告》（附件 6）经项目所在地住

房和城乡建设行政主管部门科技处在线审核通过后，在线打印《住房和城乡建设部科技计划项目验收申请表》（附件 5）和《住房和城乡建设部绿色施工科技示范工程研究报告》（附件 6），注意以上两份资料需带条码打印。将打印好的验收申请和验收报告，申报单位和工程所在地住房和城乡建设行政主管部门分别签署意见和加盖公章后，一式两份报住房和城乡建设部标准定额司。

住房和城乡建设部标准定额司对申请验收材料进行形式审查，通过审查的将由委托管理单位总工程师委员会与示范工程联系人协商具体到现场的验收评审时间，确定好时间后，发放正式的通知。

2. 会议流程

验收评审会议一般流程如下。

（1）会议开始，介绍到会领导和专家；

（2）项目承担单位有关领导致欢迎词；

（3）承建单位汇报绿色施工科技示范工程实施情况；

（4）项目业主单位、设计单位、监理单位进行补充，并对项目承担单位开展的绿色施工工作进行评价；

（5）专家质询；

（6）现场查验工程情况；

（7）查阅工程相关资料；

（8）专家组讨论并给出验收结论；

（9）项目承担单位领导表态发言；

（10）业主、设计、监理代表表态发言。

3. 资料准备

验收一般采用会议形式，示范工程在会前需准备好如下资料。

（1）研究报告（格式见本手册附件 6，word 版，电子版＋纸质版）；

（2）汇报用 PPT 文件；

（3）绿色施工技术成果表（格式见本手册附件 7）；

（4）住房和城乡建设部科技计划项目验收证书（草稿，word 版，纸质版＋电子版，格式见本手册附件 8）；

（5）各类证明文件；

（6）中期检查指导报告和针对中期整改要求的完成情况记录；

（7）建筑竣工验收证明和工程质量验收文件（复印件）；

（8）监理单位出具的工程质量安全证明（图 2.4-2，加盖监理单位公章）；

（9）立项申报书（正式，带条码）；

（10）验收申请表（正式，带条码）。

4. 参会人员

验收评审会议参会人员：总工程师委员会主管领导（2～3 人）；专家组成员（一般为 7～13 名专家）；工程所在地住房和城乡建设行政主管部门领导；业主方代表、设计单位代表、监理单位代表、绿施示范工程申报单位及项目部有关人员。

5. 验收结论

验收结论分为通过验收和不通过验收。

通过验收的绿施示范工程由住房和城乡建设部节能与科技司颁发《住房和城乡建设部科技计划项目验收证书》(附件8)。

2.6 特殊情况

1. 增加(减少)完成单位

绿施示范工程在实施过程中发生单位变更，可在系统“项目中期—中期变更申请”中提交相关申请，如果是完成单位增加或减少则选择“承担单位”添加，如果是增加或减少产学研合作单位则选择“合作单位”添加，并填写变更理由，完成提交后打印纸质申请加盖承担单位和新增完成单位公章，由工程所在地住房和城乡建设行政主管部门审核盖章后报送至住房和城乡建设部标准定额司。

2. 项目延期

绿施示范工程因特殊原因不能如期验收的，承担单位应在规定的研究期限满前一个月内在系统“项目中期—中期变更申请”中提交延期申请，需要填写“延期完成时间”“当前项目进展情况”“延期原因”，上传相关证明文件作为附件后提交，完成提交后打印纸质申请加盖承担单位公章，由工程所在地住房和城乡建设行政主管部门审核盖章后报送至住房和城乡建设部标准定额司。

3. 项目终结

绿施示范工程因客观原因无法完成创建的，承担单位可在系统“项目中期—发起项目终结”中提交终结申请，并上传相关证明文件作为附件，提交后无需报送纸质资料，等待系统批复。

4. 项目撤销

项目终结是因为客观原因造成，项目承担单位主动申请的行为，而项目撤销则是因为项目承担单位未能按期验收或过程中违反相关规定，由主管部门予以终止。

通常有下列行为之一，项目予以撤销：

(1) 实践证明所选技术路线不合理，研究内容失去实用价值，在实施过程中发现为低水平重复的；

(2) 依托的工程建设、技术改造、技术引进和国外合作项目未能落实的；

(3) 骨干技术人员发生重大变化，致使技术研究开发、技术示范无法进行的；

(4) 组织管理不力致使研究示范无法进行的；

(5) 发生重大质量安全事故或严重污染环境的；

(6) 未按有关管理规定执行的；

(7) 不符合国家产业政策，使用国家主管部门以及行业明令禁止使用或属淘汰的材料、技术、工艺和设备；转包或者违法分包；违反建筑法律法规，被有关执法部门处罚的。

3 实施要点

本章是已创建绿施示范工程的经验总结。包括申报书填报的要点、立项答辩汇报 PPT 的制作和汇报要点、创建过程中需要特别注意的地方以及过程监督和验收评审时迎检需要注意的地方等。本章的经验仅供参考借鉴，具体实施需根据工程实际情况和当年的管理文件为准。

3.1 申报书要点

1. 项目起止时间

项目起止时间的填报一定要慎重，作为科研课题一般要求在承诺的完成时间起 3 个月内提交验收评审申请，否则须提交延期验收报告。每一个绿施示范工程只允许一次延期，延期验收时间最多推迟一年。

根据《住房和城乡建设部科学技术计划项目管理办法》建科［2009］290 号：

“第三十二条　科技项目应在规定的研究期限结束后 3 个月内，由第一承担单位提交书面验收申请，由住房和城乡建设部建筑节能与科技司（现标准定额司）组织验收。”

“第四十一条　如因特殊原因不能如期验收的科技项目，承担单位应在规定的研究期限期满前一个月内以书面形式提出延期验收的申请，并经所在省级住房和城乡建设主管部门审核后报住房和城乡建设部建筑节能与科技司（现标准定额司），经批准后按调整后的时间办理验收手续。”

“第四十二条　逾期一年以上未提出验收申请，并未对延期说明理由的，取消科技项目资格，且承担单位三年内不得申报科技项目。”

需要提请注意的是，申报书里填报的起止时间、完成时间不是工程竣工验收时间，是课题的验收评审时间。这个时间是在工程竣工后，绿施示范工程创建团队整理好全套验收资料，具备验收评审条件的时间，一般是在工程竣工后 2～3 个月。

2. 项目联系人

申报书中填写的项目联系人，一定是熟知本绿施示范工程基本情况和要求的相关人员，最好是公司主管本项工作的人员或项目负责绿施示范工程创建的具体人员，联系人应相对固定。

因为项目人员流动性较大，绿施示范工程的创建时期比较长，曾出现过在绿施示范工程立项后，申报书中填报的联系人离开了该绿施示范工程，导致主管部门跟绿施示范工程失去联系的案例。因此要特别注意避免由于人员岗位变动带来的主管部门与绿施示范工程的沟通不畅或失去联系的情况出现。

3. 申报书内容要点

（1）申报单位相关工作基础

主要证明申报单位有能力完成绿施示范工程的创建任务。这部分主要简述申报单位的技术力量，近三年申报和完成过的科技示范工程情况（数量、规模等），近三年企业获得的工法、专利及其他科技成果数量，企业的科研投入能力（人、财、物）等。

（2）项目概况

《住房和城乡建设部科技示范项目申报书》的填报说明中指出项目概况应包括：项目地点、开竣工时间、主体完成时间、结构类型、功能用途、总占地面积、总建筑面积、建筑高度、最大基坑深度、投资规模；工程在资源节约、环境保护、减少建筑垃圾排放和提高职业健康与安全水平方面的难点。

由此看出项目概况由两部分内容组成：一是传统意义上的工程概况，包括工程建设时间、结构形式等；二是在资源节约、环境保护、减少建筑垃圾排放和提高职业健康与安全水平方面的难点，包括管理难点和技术难点。应结合工程所在区域的地理、气候、人文、经济、交通等环境因素及工程设计情况、实施单位自身情况等认真挖掘、提炼和总结，注意这些难点应与“资源节约、环境保护、减少建筑垃圾排放和提高职业健康与安全水平”相关。

项目概况应是在充分调查并分析工程施工现场周边环境、设计情况、施工企业自身情况等的前提下总结提炼的，需要由此找出工程与资源节约保护环境相关的重点、难点，并策划本绿施示范工程创建的主要示范内容，进而证明本项目立项的必要性。

（3）项目目标和预期成果

《住房和城乡建设部科技示范项目申报书》的填报说明中指出项目目标和预期成果应描述主要示范技术及对节能、减排、降耗、减少环境污染、提高职业健康和安全水平的作用。

在这部分主要描述以本绿施示范工程为载体，计划完成的研究目标（类似单项课题研究），以及因研究而形成的技术成果（专利、工法、论文等）。

（4）项目主要实施内容

这部分是申报书的重中之重，主要包括：项目主要示范内容、项目考核指标、项目组织管理和实施管理措施、技术创新点及先进性介绍等。

① 主要示范内容

针对项目的难点和特点，结合项目周边环境和设计文件，认真策划关键技术研究内容，这些技术要能显著提升项目的绿色施工效果，同时可推广应用。一般每项关键技术研究分“技术介绍、预期效果、示范作用”等内容分别介绍。

② 项目考核指标

是示范工程过程监督和验收评审专家组审查的重点内容之一，也是示范工程绿色施工方面的量化目标，应结合工程实际慎重填报，尽量做到既符合申报要求，又实事求是。切忌为了申报时候“好看”，不切实际盲目夸大，给立项成功后的创建造成不必要的困难。

指标依据《住房和城乡建设部绿色施工科技示范工程技术指标及实施与应用指南》（附件 9），结合工程所在地域特点和工程本身特点制定，为量化考核指标。

③ 拟采用的“四新”技术

是示范工程过程监督和验收评审专家组审查的重点内容之一，也是示范工程主要示范内容的主要组成部分。主要指示范工程拟采用的目前行业内领先的先进技术，注意是别人的“好技术”，结合工程实际，因地制宜的拿来使用。

这部分技术可以是《建筑业 10 项新技术》中的绿色施工相关技术和《绿色施工技术推广目录》（附件 10）中的技术，也可以是当地建设行政主管部门发布的推广技术。

④创新技术

是示范工程创建的重中之重，也是示范工程主要示范内容的重要组成部分。因为示范工程属于住房和城乡建设部科技课题，意味着一定要有研究和创新的内容。申报书编制阶段应在充分熟悉工程设计、所处环境、申报单位自身现状的基础上，有针对性地设立示范工程创建过程中拟研发的创新技术。

注意：虽然在示范工程创建过程中，随着工程的推进，主要示范内容（包括拟采用的“四新”技术和创新技术）是允许调整的，但原则上研究内容和难度只准增加和替换，不准减少和降低。即，假设原申报书承诺的主要示范内容为 5 项技术，则原则上验收时主要示范内容不能少于 5 项，且难度不能比原示范内容降低。同时，原示范内容取消需要提供充分的取消理由。所以，示范工程申报书中的主要示范内容（包括拟采用的“四新”技术和创新技术）一定是充分进行可行性研究后，经认真分析总结提炼出来的，具有科学性、可行性。

（5）技术路线和计划进度

根据申报书填报说明，技术路线和计划进度应包括：量化考核指标按阶段、按部位进行的分解；每项主要示范内容完成时间；为完成考核指标所采取的主要措施；主要机械设备详表、绿色施工购置清单、施工总平面图布置、资金投入和工作人员投入详表；成果转化和服务推广计划。

4. 其他

（1）某些省要求在申报绿施示范工程前先完成当地绿色施工示范工程的立项，才予以推荐，申报时需注意申报项目所在地行政主管部门是否有相关要求。

（2）网上申报提交的时间应比当年发布的通知规定的截止时间早，因为要给地方行政主管部门留出审核的时间，有些项目地方行政主管部门审核后还需要退回修改后再提交，这些时间也应考虑。一般针对申报，地方行政主管部门会有统一接收申报材料的时间节点公布，申报前需主动了解清楚。

（3）申报书提交成功并顺利打印后，需按当年通知的要求加盖所有相关单位的公章后再提交给地方行政主管部门。通常情况下申报书“项目研究单位及合作单位”中应包含建设单位。

3.2 答辩要点

1. 答辩 PPT

时长：严格控制在 5 分钟之内，需反复练习，熟练掌握。

答辩时评委会严格控制时间，从答辩开始计时，5分钟后不管有没有汇报完成都会喊停，所以为避免重要内容没来得及汇报，一定要严格控制PPT的时长，汇报人在答辩前应反复练习，熟练掌握汇报内容。

内容：所要求的内容应齐全，但需分清主次，重点突出。

（1）项目简况：以最简洁的文字和清晰的配图，介绍清楚工程基本情况，注意工程概况和工程所处的环境概况都要介绍。（一般1～2页PPT）

主要内容可包括工程地点（含周边环境）、工程主体完成时间（或当前形象进度）、结构类型、建筑高度、最大基坑深度（含特殊地质条件）、占地面积及建筑面积、工程总投资等，住宅类项目须明确描述是否为装配式、精装修。

（2）研究背景：主要包括设计上带来的施工难点、地质条件、地理环境及周边环境带来的难点、节能减排降耗和环境保护的难点等。（一般1页PPT）

（3）主要考核指标：根据《住房和城乡建设部绿色施工科技示范工程技术指标及实施与评价指南》（附件9）的第二章"量化考核指标"，结合工程实际，认真制定，汇报时宜以表格的形式清晰表达。（一般1～2页PPT）

（4）主要示范内容：示范工程创建过程具有示范效益的内容，可以是绿色施工考核指标中完成较为突出的；可以是采用的先进适用技术，在本工程应用突出；还可以是本工程自主研发的创新技术，对绿色环保有贡献的。注意这部分应将上述内容罗列清楚，罗列的每一项技术至少包括（技术名称、拟形成的技术成果、成果的绿色效应及应用前景等内容），一般至少应确保主要示范内容有5项以上。

（5）实施效果分析：项目实施对推动住房和城乡建设领域科技进步的作用；社会、经济和环境效益分析；项目示范意义及推广价值、推广可行性、推广范围等。（一般1～2页PPT）

（6）保障体系：以最简短有效的文字证明承担单位有能力、有条件完成本项目。主要可从以下几个方面介绍：承担单位申报和完成过的科技示范工程数量（证明有经验）、承担单位的科技研发实力（近三年获得的科技成果，包括工法、专利等的数量）、拟为本项目投入的科研力量（包括人、物、财等）。（一般1页PPT）

（7）工程的合法合规性：展示工程合法合规的文件，以施工许可证为主。

PPT的内容以第3部分和第4部分为重点。注意PPT原则上应与申报书一致，但允许微调。

因为PPT的演示时长只有5分钟，因此在编制PPT的时候要注意文字简练，图文并茂，力争以最简洁的语言和清晰的图（或表），在浓缩的5分钟之内说服评审专家。

2. 答辩人

答辩人数没有严格限制，一般可以为1～3人。1人为PPT汇报人，另外可以有1～2名熟悉工程和技术的人员配合回答PPT汇报后专家的质询。

PPT汇报人应该对需要进行汇报的PPT非常熟悉，声音洪亮，自信从容。整个汇报团队应该对工程基本情况、绿色施工主要考核指标、主要示范内容、拟形成的技术成果等非常熟悉，能快速地、流畅地回答立项评审专家的提问。

3.3 创建要点

1. 创建管理依据

以下文件为绿施示范工程创建过程中所必须依据的文件，应作为绿施示范工程管理文件在项目现场保存：

(1)《住房和城乡建设部科学技术计划项目管理办法》(附件 1)；

(2)《住房和城乡建设部绿色施工科技示范工程管理实施细则（试行）》(附件 11)；

(3)《住房和城乡建设部绿色施工科技示范工程技术指标及实施与应用指南》(附件 9)；

(4) 经住房和城乡建设部盖章确认的项目申报书；

(5) 立项通知文件；

(6) 项目执行期间下达的有关文件。

2. 紧紧围绕申报书

申报书等同于绿施示范工程与住房和城乡建设部签订的合同，所有条款应按合同条款一样严肃对待。在创建过程中，应紧紧围绕申报书中承诺的绿色施工主要考核指标和主要示范内容这两大部分展开。

绿色施工主要考核指标：

针对每一个指标要策划数据收集的方案和表格，进行过程数据收集。每一次或每一阶段收集的数据应及时进行分析，对照考核指标进行比对，对超出考核指标的不合格数据应进行分析，找出原因，提出整改措施，并遵照执行，最后须对整改后的效果进行复查，做到持续改进。

注意：

① 考核指标是允许调整的，但调整的前提是有充分的理由证明原申报书设定的指标与绿施示范工程实际情况不符，有调整的必要性；调整的目的是为了绿施示范工程更好地实施绿色施工管理，取得绿色成效。

② 考核指标可以根据施工阶段进行细化，动态控制。如施工用地指标，随着施工平面布置图的动态布置，指标值也应该是动态的。

主要示范内容：

是示范工程创建过程中最重要的部分，一定要针对每一项示范内容拟定创建方案，并及时收集相关过程资料。

无论是过程监督还是验收评审，主要示范内容都是评审专家审查的重点，也是示范工程创建的核心。对申报书中承诺的主要示范内容应认真分析，结合工程实际制订实施计划，并拟定预计取得的技术成果。原则上申报书中承诺的主要示范内容应全部实施，但也允许调整，调整的原则如下：

① 对经工程实践证明确实不适宜的示范内容，允许取消。但前提是确有证据证明其不适宜，且有其他示范内容补充。

② 实施过程中结合工程实际对示范内容进行调整，使其更适宜。绿施示范工程创建是一个相对漫长的时段，在此期间示范内容所依据的基础条件很有可能发生了变化，此时可以随着工程情况和环境状况调整主要示范内容。

③ 结合工程实际增补主要示范内容。作为绿施示范工程的创建团队，一定要有自主创新的意识，全过程抱有应用先进适宜技术和研发创新技术的心态，尽可能地对工程主要示范内容进行增补。

3. 组织机构应完整

作为部级科研课题，它绝对不仅是一个工程项目部的责任，必须是申报企业全企业的科研任务。因此，绿施示范工程的组织机构应包含申报企业公司一级技术研发部门，并作为绿施示范工程创建的总牵头机构全过程指挥示范工程的实施。

4. 自觉应用先进技术

根据绿施示范工程的定义："绿色施工过程中应用和创新先进适用技术，在资源节约、环境保护、减少建筑垃圾排放、提高职业健康和安全水平等方面取得显著社会、环境与经济效益，并具有辐射带动作用的建设工程项目。"绿施示范工程应有尽可能使用行业内先进适用技术和具有辐射带动作用的自觉性，这就要求绿施示范工程在实施过程中自觉应用先进技术，淘汰落后技术，起到行业领头示范的作用。

5. 全员长存研发意识

绿施示范工程的创新技术研发不应该是某一个人或某几个人的责任，必须是整个创建团队成员参与，各自在自己熟悉的岗位和工作范围内，积极主动的进行研发，各取所长，百花齐放。

建议：将绿施示范工程科研目标细化分解，分配到每一个参与者头上，让每一个人都有相关义务和责任，增加全员参与意识。同时，配套制定相关的管理办法，明确奖励措施，鼓励全员创新。

6. 及时总结提炼，申报成果

绿施示范工程的创建是一个相对漫长的过程，主要示范内容是分阶段实施的，为避免工程竣工后扎堆总结、申报成果，绿施示范工程应对应用的先进适用技术和创新技术及时总结提炼，并对技术成果的申报采取"成熟一个申报一个"的原则。

这样既可以避免工程竣工后扎堆"写回忆录"似的总结主要示范内容，经常发现遗失了关键数据或现场照片，使技术总结不尽如人意，又可以通过总结提高示范工程创建能力，及时发现不足，在工程中不断进步提升。

绿施示范工程单项技术总结至少应包含以下内容：

（1）技术名称；

（2）技术应用部位；

（3）技术应用数量；

（4）技术简介（技术原理、实施流程、工艺要点等）；

（5）技术实施取得的效益分析（环境效益、社会效益、经济效益）和科技成果（研发技术所形成的专利、工法、科技课题、标准、论文等）；

（6）技术在行业中所处水平、推广应用前景、技术成熟度及现阶段推广主要存在的问题分析等。

7. 坚持"对自己好的就是绿色的"原则，不轻易否定

"对自己好的就是绿色的"。简单来说就是在绿施示范工程创建过程中，只要是满足规范政策要求的前提下采取的技术措施，对工程的各方有益的，它就是绿色的。这里说的“各方”包括建筑的参建各方（建设方、设计方、监理方、施工方、运营方、使用方等），建筑本体，建筑所处的社会、行业、环境等。绿施示范工程采取的技术措施，哪怕对以上各方有些许好处，就不要轻易否定，认真实施、总结和提炼，经实践证明这些措施往往是绿色成效显著的好措施。

绿施示范工程的主要示范内容实施与总结，永远践行“先做加法”的原则。结合工程实际尽可能多地应用先进适用技术和研发创新技术，并及时加以总结提炼和成果申报。但一定要注意，这里说的“先做加法”一定是基于“合理、适宜”的前提，绿施示范工程不推荐堆砌不适用的技术。

8. 关注行业发展，及时更新信息

近年来，施工行业技术发展更新很快，往往在绿施示范工程创建过程中，有些技术就被证明是不适宜、不先进的，同时也有大量更先进的技术涌现。作为部级科研课题一定要保持行业领先，切忌闭门埋头苦干。在创建过程中随时关注行业发展，掌握主管部门技术导向，特别关注政府发布的推荐、限制和淘汰技术目录，尽可能使用最先进的技术，避免使用淘汰落后的技术。

9. 过程数据和照片（影像）很重要

绿施示范工程的创建是一个过程行为，很多技术，特别是基础施工阶段和主体结构施工阶段的技术，随着工序的结束往往就无法再现。因此，详细记录该技术实施工程中的数据和照片（影像）等过程资料非常重要，应尽可能全面和详细的保存。

特别提醒注意的是：绿施示范工程的创建是一种创优行为，因此它需要的照片是真实记录技术应用情况的清晰佐证资料，照片应该规范、清晰、美观、直接。

① 照片一定要规范。除了表达清晰该技术措施需要表达的信息外，其他相关信息也应该是满足规范要求的。如表达钢筋连接技术的照片，连接接头应该符合规范要求，钢筋材质、作业工人着装及操作等都是规范有序的，避免“顾此失彼”。

② 照片应美观、清晰，主题明确。绿施示范工程的照片是用于创优验收的，在拍摄时应选择光线较好，角度清晰的时机，同时对拍摄内容应有策划，每一张照片应清楚表达想要表达的意思。

③ 严禁修饰和修改照片。绿施示范工程选取的过程照片一定是实事求是的，处理过的或借鉴的照片都不被允许。

④ 避免全部用BIM技术或其他信息化手段演示。绿施示范工程的技术总结可以借助BIM技术等信息化手段清晰演示技术主要内容和工艺，但一定要有现场实际照片搭配，以体现实际运用效果。

10. 主动关注建筑的相关情况

绿施示范工程的创建载体建筑工程往往同时也是绿色建筑创建项目或节能建筑，绿色施工是绿色建筑全寿命期中重要的一环，绿色建筑或节能建筑对绿色施工也有较严格的要求。因此在创建过程中，申报企业应主动了解建筑本体的相关信息，积极主动地配合绿色建筑或节能建筑的创建。

11. “双优化”应贯穿始终

“双优化”指的是设计优化和施工组织设计优化。绿施示范工程创建过程是一个相对较长的时间段，在这个过程中往往因为施工环境的变化，需要对原设计和原施工组织设计进行优化。这要求绿施示范工程创建团队有主人翁意识，站在为工程好，优化建筑的角度积极主动的进行优化。

注意实施工程中应对“双优化”及时进行总结，对比优化前后效果。涉及建筑本体的设计优化，应取得设计方和建设方的认同。

12. 重视“持续改进”

绿施示范工程创建过程中要求申报企业进行自评价，评价的目的是为了发现问题。针对每一次评价结果示范工程应进行分析，与申报书承诺的绿色施工创建指标、主要示范内容以及现行国家、行业、地方标准的要求进行比对，找出问题，并分析问题，制定整改措施及制订实施计划，同时在整改完成后及时进行复评，反馈整改结果。

以上过程称之为“持续改进”，持续改进应贯穿绿施示范工程的整个创建过程，通过不断循环的“发现问题→分析问题→整改措施→解决问题”使工程实现“PDCA”循环。

3.4 迎检要点

1. 时间把控

虽然绿施示范工程规定了过程监督在结构主体封顶前，验收评审应在研究期限结束后3个月内，但具体的迎检时间可以在满足上述要求的前提下，由绿施示范工程根据实际情况具体把控。

过程监督可以适当提前，一般在主体施工阶段，现场绿色施工相关措施最完善的时期申请最佳。

验收评审应是在工程竣工验收，且完成了申报书中承诺的全部示范内容，绿施示范工程创建团队整理好全部验收评审资料后进行申请。注意申请应该是在申报书承诺的验收时间后3个月内，如果在此时间内无法进行申请，需在管理系统内提交延期申请。

提请注意的是，提交迎检申请和专家组确定到现场检查的时间之间，因为程序问题会有时间差，在提交申请的时候应有所考虑。

2. 过程监督要点

过程监督实际上是专家组对示范工程实施一定阶段后的促查，目的是肯定成绩、帮助工程找出和分析问题、提出建议和意见。

过程监督专家组的主要任务是：

（1）检查项目在完成主要示范内容过程中，所采用的措施是否适宜，对于所达到的效果是否有验证资料（记录、数据、影像图片等）；

（2）帮助项目挖掘、提炼具有推广借鉴价值的管理和技术措施；提炼挖掘取得节约资源、保护环境显著效果的方案优化和深化设计方面的措施；

（3）引导企业对项目实施情况进行正确的数据统计与分析：对效果要有对比分析，分析偏差产生的原因及纠正措施；对采取大的方案优化措施，如大型设备选型、结构设计优化等，是否进行对比，即传统方案和优化后方案材料、人工、工期等的节约量的对比分析；

（4）帮助项目对经济效益、社会效益、环境效益所做出的贡献进行全面总结。

从专家组的主要任务不难看出，过程监督是专家组帮助绿施示范工程调整和纠偏的过程，所以绿施示范工程迎接过程监督需要做的是尽可能全面地展示从立项以来到接受过程监督这段时期，工程为了创绿施示范工程所做的所有努力，展示成绩的同时也将创建过程中发现的问题一并罗列，利用过程监督这个难得的专家组“一对一”专程指导的机会，将做得对的肯定下来，做得不够的寻找并改进，做得不对的整改。并且利用专家组丰富的经验和学识水平，帮工程挖掘和提炼更适宜的示范内容，为后续工作提供指导和帮助。

3. 验收评审要点

验收评审时专家审查的重点是：

（1）依据“技术指标”，审查项目是否满足绿色施工基本要求，重点关注“考核指标的完成情况”和“主要示范内容的完成情况”；

（2）所达到的效果必须有齐全、完整、真实的验证资料（记录、数据、影像图片等）；

（3）项目注重采用双优化措施和技术创新完成绿施示范工程内容。并且其中必须有具有推广示范意义的措施；

（4）针对主要示范内容，必须对相应的关键技术进行研究；

（5）对效果必须要有对比分析（①分析偏差产生的原因及纠正措施；②对采取的双优化措施方案进行优化前后（即传统方案和优化后）方案材料、人工、工期等的节约量以及“节约资源、保护环境”效果的对比分析）。

从专家审查重点可以看出：

（1）验收评审的首要任务是符合性审查，申报书中承诺的考核指标完成情况和主要示范内容完成情况是审查的基本；

（2）作为科技课题，所有结论都必须要有事实和理论支撑，所以针对考核指标完成情况和主要示范内容完成情况，其一，必须有过程佐证资料进行事实支撑（佐证材料以数据为宜）；其二，对于主要示范内容在有过程佐证资料的基础上还必须有关键技术研究过程总结作为理论支撑；

（3）“双优化”和技术创新很重要，绿施示范工程的创建强调通过“双优化”和技术创新这两个手段来实现。注意“双优化”的优越性应通过优化前后的对比分析来证明。

4 技术指标解析

本章对《住房和城乡建设部绿色施工科技示范工程技术指标及实施与评价指南》（附件9）下文简称“指标及指南”，进行解读，是编者根据创建经验和自身理解对相关指标要求的解释和分析，仅代表编者自身的看法，受水平所限，势必有不够完善的地方，仅供读者参考。

4.1 总则

对应“指标及指南”第一章 总则。

【条文】1. 住房和城乡建设部绿色施工科技示范工程（以下简称“绿施科技示范”）技术指标及实施与评价指南（以下简称“指标及指南”）适用于建筑工程绿施科技示范的申报、立项评审、过程实施评价与验收以及相关资料的整理。市政、铁路、交通、水利等土木工程和工业建设项目可参照执行。

【条文解析】本条是对《住房和城乡建设部绿色施工科技示范工程技术指标及实施与评价指南》（以下简称“指标及指南”）的适用范围进行约定：

1. 就工程类型而言，主要适用于建筑工程的住房和城乡建设部绿色施工科技示范工程，其他市政、铁路、交通、水利等土木工程和工业建设项目参照执行。

2. 就创建流程而言，适用于绿施示范工程申报、立项评审、过程实施评价与验收的全过程，同时适用于相关资料的整理。

【条文】2.“绿施科技示范”量化考核指标应遵循因地制宜的原则，结合工程所在地域的气候、环境、资源、经济、文化等特点，以及工程自身特点进行制定并应进行细化和分解，原则上应满足“指标及指南”中的量化指标要求（见表1）。且量化考核指标必须用具体、明确的数值表达。

【条文解析】本条对绿施科技示范的量化考核指标的制定原则、内容和要求进行约定：

1. 原则上应满足“指标及指南”中所有的量化指标要求（表1），如无特殊理由，表1《量化指标值》中的6大类别15项的23个目标控制点均要求满足。

2. 内容是表1《量化指标值》中的6大类别15项的23个目标控制点。

3. 遵循因地制宜的原则，结合工程所在地域的气候、环境、资源、经济、文化等特点，以及工程自身特点进行制定并应进行细化和分解。

【条文】3.“指标及指南”的评价内容（表4～表9）仅为“绿施科技示范”应当满足的要求。凡未在“指标及指南”中规定的绿色施工内容，必须满足国家现行的绿色施工相关标准规范要求，并按此实施及考核评价。

【条文解析】绿色施工的发展速度相当快，相关国家、行业标准更新也很快。本条约束绿施科技示范除满足“指标及指南”的评价内容外，仍须满足现行国家、行业标准规范关于绿色施工的相关要求。

【条文】4. “绿施科技示范”评价包含“绿施科技示范”管理、环境保护、节材与材料资源利用、节能与能源利用、节水与水资源利用、节地与施工用地保护、人力资源节约与职业健康安全七大要素。

【条文解析】本条说明绿施示范工程的具体评价内容，相对于原来的六大要素，增加了“人力资源节约与职业健康安全”这一大要素。

【条文】5. “指标及指南”的评价内容表 2 是对“绿施科技示范”管理体系的要求；表 3 是对项目的整体技术创新及科技示范内容进行评价；表 10 是对“绿施科技示范”的最终社会、环境效益与经济效益进行评价，适用于项目验收时评价，项目自评价可参考；表 11 是量化技术指标计算方法，统一按此表计算比对。

【条文解析】本条对“指标及指南”的整个构成进行解释，“指标及指南”由第一章总则、第二章量化考核指标、第三章评价内容及实施与评价指南、第四章绿色施工科技示范工程量化技术指标计算方法及表 4.1-1《绿色施工科技示范实施方案及推广计划》编制要求和资金投入计划组成，具体构架如表 4.1-1 所示。

“指标及指南”的具体构架 **表 4.1-1**

章节	主要内容	具体内容
第一章	总则	
第二章	量化考核指标	表 1 量化指标值
第三章	评价内容及实施与评价指南	表 2 绿施科技示范管理
		表 3 技术应用、创新与科技示范
		表 4 环境保护
		表 5 节材与材料资源利用
		表 6 节能与能源利用
		表 7 节水与水资源利用
		表 8 节地与施工用地保护
		表 9 人力资源节约与职业健康安全
		表 10 绿色施工科技示范工程的社会、环境与经济效益
第四章	绿色施工科技示范工程量化技术指标计算方法	表 11 绿色施工科技示范工程量化技术指标计算方法
附件 1	《绿色施工科技示范实施方案及推广计划》编制要求	
附件 2	资金投入计划	

【条文】6. 过程中应优先选用住房和城乡建设部《绿色施工技术推广目录》中所列技术。所选用的技术未列入《绿色施工技术推广目录》中的推广应用技术、“全国建设行业科技成果推广项目”、地方住房和城乡建设行政主管部门发布的推广项目等先进适用技术，且未形成专利（国家发明）、工法（省部级以上）的，应通过有关部门组织技术评价（鉴定）并提供成果评价（鉴定）报告。

【条文解析】本条对绿施科技示范中涉及的先进适用技术和自主创新技术提出要求。

1. 先进适用技术优先选用《绿色施工技术推广目录》中所列的 77 项技术。

2. 对《绿色施工技术推广目录》之外，已列入“全国建设行业科技成果推广项目”、地方住房和城乡建设行政主管部门发布的推广项目等先进适用技术，或已形成专利（国家发明）、工法（省部级以上）的先进适用技术推荐选用。

3. 其余先进适用技术则需通过有关部门组织技术评价（鉴定）并提供成果评价（鉴定）报告后采用。

4.2 量化考核指标及计算方法

对应“指标及指南”“第二章 量化考核指标”和“第四章 绿色施工科技示范工程量化技术指标计算方法”，将两章结合起来解析，方便读者理解。

Ⅰ 环境保护

【指标】场界空气质量指数：PM2.5 和 PM10。

【控制指标】不超过当地气象部门公布数据值。

【计算公式】$P1 \leqslant P2$

式中：$P1$——监测值；$P2$——当地气象公布值。

每日上、下午进行一次数据采集进行对比。

（注：当某监测数据超标时应有说明及采取措施）。

【指标解析】这个指标需要两组数据，其一，是当地气象部门公布的当天的 PM2.5 和 PM10 数据值；其二，是上午下午各一次的现场数据采集值。现场空气质量数据采集点的设置宜根据以下原则：

（1）布置在空气污染较大的区域或作业点，如施工道路、混凝土输送泵、材料切割场地、裸土堆放场地、土方开挖作业点等；

（2）布置在对空气污染敏感的区域，如周边居民生活区、学校、办公楼等，场地内办公区和生活区等；

（3）数据采集点应根据工程施工阶段和现场平面的动态布置情况动态调整，以监测现场最不利和影响最大的数据为原则。

监测数据宜采用表格进行记录，参考表格如表 4.2-1 所示。

场界空气质量监测数据记录表　　　　表 4.2-1

监测日期：　年　月　日

测点编号	监测时间	内容	监测值	公布值	是否超标	记录人
测点 1	___时___分	PM2.5			□是 □否	
		PM10			□是 □否	
	___时___分	PM2.5			□是 □否	
		PM10			□是 □否	
测点 2	___时___分	PM2.5			□是 □否	
		PM10			□是 □否	
	___时___分	PM2.5			□是 □否	
		PM10			□是 □否	

续表

测点编号	监测时间	内容	监测值	公布值	是否超标	记录人
……	……					

注：1. 公布值为当地气象部门公布的日空气质量值；
2. 监测时间每天上午、下午至少各有一次；
3. 当监测值小于等于公布值时为达标，是否超标栏勾选"□否"；当监测值大于公布值时为超标，是否超标栏勾选"□是"，当超标时，需要对该数据分析超标原因，并制定措施；
4. 测点应根据工程阶段和现场平面动态布置动态设置，每次调整后均需有对应的测点平面布置图及布置说明作为本表的附件。

【指标】噪声控制：昼间噪声和夜间噪声。

【控制指标】昼间噪声≤70dB；夜间噪声≤55dB。

【计算公式】1. P1、P2……≤70dB，每日至少一次进行各监测点数据采集 P1、P2……进行对比。

P1、P2 为不同点检测值。（注：当某监测数据超标时应有说明或措施）

2. P1、P2……≤55dB，有夜间施工时，每夜一次进行各监测点数据采集 P1、P2……进行对比。（注：当某监测数据超标时应有说明或措施）

【指标解析】现场噪声数据采集点的设置宜根据以下原则：

（1）布置在噪声污染较大的区域或作业点，如施工道路、混凝土输送泵、材料切割场地、钢筋加工棚、木工加工棚、砌块切割棚等；

（2）布置在对噪声污染敏感的区域，如周边居民生活区、学校、办公楼等、场地内办公区和生活区等；

（3）数据采集点应根据工程施工阶段和现场平面的动态布置情况动态调整，以监测现场最不利和影响最大的数据为原则。

监测数据宜采用表格进行记录，参考表格如表 4.2-2 所示。

噪声控制监测数据记录表 **表 4.2-2**

监测日期	监测时间	测点编号	监测值	标准值	是否超标	记录人
_年_月_日（昼间）	___时___分	测点 1		70dB	□是□否	
		测点 2			□是□否	
		测点 3			□是□否	
		……			□是□否	
_年_月_日（夜间）	___时___分	测点 1		55dB	□是□否	
		测点 2			□是□否	
		测点 3			□是□否	
		……			□是□否	
……						

注：1. 监测时间每天白天至少有一次；有夜间施工时，每夜至少进行一次；
2. 当监测值小于等于标准值时为达标，是否超标栏勾选"□否"；当监测值大于标准值时为超标，是否超标栏勾选"□是"，当超标时，需要对该数据分析超标原因，并制定措施；
3. 测点应根据工程阶段和现场平面动态布置动态设置，每次调整后均须有对应的测点平面布置图及布置说明作为本表的附件。

【指标】建筑垃圾控制：固体废弃物排放量。

【控制指标】装配式结构固体废弃物排放量不高于 200t/万m^2；非装配式结构固体废弃物排放量不高于 300t/万m^2。

【计算公式】$\sum P \leqslant 200$t/万m^2（装配式结构）；

$\sum P \leqslant 300$t/万m^2（现浇混凝土结构）；

P 为建筑废弃物；排放量以现场出场排放总重量（t）之和除以总建筑面积（每万平方米）进行动态统计，竣工时计算总量。

（注：出场应过磅计量并留存记录。）

【指标解析】现场固体废弃物包括废弃混凝土、钢筋、砌块、模板、装修余料、砂浆等，不包括外运渣土。可按表 4.2-3 进行统计。

现场固体废弃物排放量统计表 **表 4.2-3**

施工阶段	日期	类别	单次吨数(t)	累计吨数(t)	目标值(t)	记录人
地基与基础	__年__月__日					
	__年__月__日					
	……					
	小计					
主体结构	__年__月__日					
	__年__月__日					
	……					
	小计					
装饰装修与机电安装	__年__月__日					
	__年__月__日					
	……					
	小计					

注：1. 固体废弃物不仅包含作为建筑垃圾处理的废弃物，也包括出售给回收站或其他商家的废旧钢筋、模板等；
2. 不包括土方开挖阶段外运渣土；
3. 禁止为减少固体废弃物的排放而将建筑垃圾直接回填；
4. 应包含分包单位的固体废弃物。

【指标】有毒、有害废弃物控制：分类收集和合规处理。

【控制指标】分类收集率达到 100%；100%送专业回收单位处理。

【计算公式】1. 有毒、有害废弃物分类：废旧电池、墨盒、废旧灯管、废机油柴油、油漆涂料、挥发性化学品等。

（注：废弃物应分类建立台账，全数检查）

2. 材料进场量－使用量－库存量＝废弃量＝处理量。

（注：建立废弃物处理台账，全数检查）

【指标解析】首先应对工程涉及的有毒有害废弃物进行辨识，找出所有需要控制的有毒有害废弃物。其次应对各类有毒有害废弃物的处理方式进行策划，确保合规处理。废弃物处理台账见表 4.2-4 和表 4.2-5。

一类有毒有害废弃物控制及处理台账 表 4.2-4

名称	购买日期	购买数量	领用日期	领用数量	领用人	回收日期	回收数量	回收人	累计回收	处理日期	处理方式	处理数量	处理人
5号电池	6.22	20颗	6.22	4颗	×××	9.22	4颗	×××	4/20	11.30	专业回收	4颗	×××
			7.4	2颗	×××	10.2	2颗	×××	6/20	11.30	专业回收	2颗	×××
			……										

注：1. 一类有毒有害废弃物包括电池、墨盒、废旧灯管等按件数计算的废弃物；
2. 同类有毒有害废弃物可一次购买、分次领用、分次回收，一次或分次处理，但最终处理的总数量应与购买的数量一致，才能证明分类收集和合规处理都达到了100%；
3. 专业回收应有专业回收单位的收据证明，且专业回收单位应具有相关回收资格的证明文件。

二类有毒有害废弃物控制及处理台账 表 4.2-5

名称	日期	进货量	领用量	领用人	库存量	使用量	退回量	退回人	废弃量	累计废弃	处理日期	处理方式	处理数量	累计处理	处理人
机油															
柴油															
……															

注：1. 二类有毒有害废弃物包括废机油柴油、油漆涂料、挥发性化学品等按量计算的废弃物；
2. 进货量－领用量＝库存量；使用量根据工程实际使用数量计算；领用量－使用量－退回量＝废弃量，但最终累计处理的总数量应与累计废弃的数量一致，才能证明合规处理达到了100%；
3. 专业回收应有专业回收单位的收据证明，且专业回收单位应具有相关回收资格的证明文件。

【指标】污废水控制：检测排放。

【控制指标】污废水100%经检测合格后有组织排放。

【计算公式】1. 现场应设置沉淀池、化粪池、隔油池，设置率达到100%。

（注：全数检查）

2. 现场每周对排放的污废水进行检测。

（注：当检测数据超标时应有说明及采取措施）

【指标解析】现场每一个厨房设置有隔油池；每一个厕所设置有化粪池；每一个排往市政管网出水口的水都是经过沉淀池处理后的，现场污废水实现100%有组织排放，现场污废水检测记录见表4.2-6。

现场污废水检测记录 表 4.2-6

检测时间	检测位置	检测单编号	检测结果	检测(送检)人
__年__月__日	测点1		□合格□不合格	
__年__月__日	测点2		□合格□不合格	

续表

检测时间	检测位置	检测单编号	检测结果	检测(送检)人
……				

注：1. 测点布置在场地内排向市政管网或经允许的其他地方，每个排水口都要设置，100%受控；
2. 测点应根据工程阶段和现场平面动态布置，每次调整后均需有对应的测点平面布置图及布置说明作为本表的附件；
3. 每个测点的检测指标和须符合的标准值由项目施工前策划确定，以确保达标排放为前提；
4. 检测以取样送检为主，有条件的项目可设现场检测室现场检测，具体根据工程实际情况确定，无论哪种检测形式形成的检测报告均应严格编号并作为本表的附件。

【指标】烟气控制：油烟净化处理、车辆及设备尾气、焊烟排放。

【控制指标】工地食堂油烟100%经油烟净化处理后排放；进出场车辆、设备废气达到年检合格标准；集中焊接应有焊烟净化装置。

【计算公式】1. 油烟净化处理设备配置率100%。(注：全数检查)

2. 进出场车辆、设备全数检查合格证。

【指标解析】

1. 工地食堂（无论工人大食堂还是管理人员小食堂）均要设置油烟净化处理设备。

2. 进出场车辆建立档案（包括材料设备运输车辆、渣土运输车辆、预拌混凝土搅拌车以及员工私家车辆等），年检合格证复印件作为档案附件；进出场设备建立管理档案，检修合格证复印件作为档案附件。

3. 集中焊接棚设有焊烟净化装置。

【指标】资源保护：文物、古迹、古树、地下水、管线、土壤。

【控制指标】施工范围内文物古迹、古树、名木、地下管线、地下水、土壤按相关规定保护达到100%。

【计算公式】应100%采取保护措施。(注：全数检查)

【指标解析】应对施工场地内文物、古迹、古树、名木、地下管线进行识别，建立管理档案；对文物、古迹、古树、名木需要制定专门的保护方案并严格执行；对地下水和土壤应在施工组织设计或绿色施工方案中制定专门的保护措施并在施工中严格执行，以上内容在施工过程中均须保留完整的实施记录（管理档案、保护方案及照片或影像）。

Ⅱ 材料与材料资源利用

【指标】节材控制：建筑实体材料损耗率。

【控制指标】结构、机电、装饰装修材料损耗率比定额损耗率降低30%。

【计算公式】材料损耗率≤预算损耗率－（预算损耗率×30%）；材料损耗率＝预算使用量－实际用量/ 预算使用量。

（注：工程理论用量为预算使用量，包含定额损耗量；各类材料损耗率应分别统计）。

【指标解析】应先对结构、机电、装饰装修的主要材料进行识别，建立实体材料损耗率记录目录清单，原则上各类材料都应进行计算；预算使用量是根据工程量清单或定额计算出来的某种材料的用量，注意该用量包含定额损耗量；实际用量为该种材料的实际采购量－库存量（退回量），注意不是工程实测实量出的数量。工程实体材料损耗率统计表见表4.2-7。

工程实体材料损耗率统计表　　**表 4.2-7**

统计时间：　年　月　日

材料名称	采购量	库存量	实际用量	预算使用量	材料损耗率	定额损耗率	是否符合
							□是□否
							□是□否
							□是□否
							□是□否
							□是□否
							□是□否
							□是□否

【指标】节材控制：非实体材料（模板除外）可重复使用率。

【控制指标】可重复使用率不低于70%（重量比），其中：损耗率＝1－可重复利用率。

【计算公式】可重复使用率＝可重复使用的非实体工程材料出场总重量/非实体工程材料进场总重量≥70%。

（注：1. 非实体工程材料包含：临时用房（办公、住宿、集装箱、试验、加工棚），道路，安全防护，脚手架，模板支撑及木枋（模板除外），围挡，工程临时样板等临时设施。

2. 各类材料应按重量统计，分别建立台账。）

【指标解析】非实体材料主要指不用于建筑本体的周转材料、防护材料和临时设施材料等，是为施工服务的工程设施材料，随施工活动开展而进场，随施工活动结束而退场。

本条要求对所有非实体材料（模板除外）进行控制，在其进场时对其重量进行统计，并建立台账；其出场时对可再使用的各类非实体材料的重量进行统计，并对统计结果进行比例计算，结果应满足不小于70%的指标要求。非实体材料可重复使用率统计表见表4.2-8。

非实体材料可重复使用率统计表　　**表 4.2-8**

材料名称：		
时间	进场重量(t)	出场重量(t)
____年____月____日		
……		
合计	$X=$	$Y=$
可重复使用率	$Y/X\times100\%=$	

注：1. 非实体工程材料包含：临时用房(办公、住宿、集装箱、试验、加工棚)，道路，安全防护，脚手架，模板支撑及木枋(模板除外)，围挡，工程临时样板等临时设施，统计时按不同类别和使用功能分别建立台账进行统计。

2. 出场重量只统计尚可再次使用的该类材料重量，不包括作为废弃物外运的重量。

【指标】节材控制：模板周转次数。

【控制指标】模板周转次数不低于6次。

【计算公式】分类计算。

【指标解析】模板指的是传统的木模板，不包括铝合金模板、钢框胶合板等新型模板。对模板周转次数不需要 6 次的低层或多层建筑，应对使用后尚有利用余值的模板去向有所说明。

【指标】材料资源利用：建筑垃圾回收利用率。

【控制指标】建筑垃圾回收再利用率不低于 50%。

【计算公式】回收再利用率＝（主要建筑垃圾总重量－出场废弃物总量）/主要建筑垃圾总重量。

（注：1. 主要建筑垃圾总重量＝实体材料损耗重量＋非实体材料损耗重量；

2. 实体及非实体材料产生的建筑垃圾，包括钢筋、木枋、脚手架、混凝土余料、砂浆、砌体、管材、电线电缆、面砖等，按月建立台账；

3. 其他方式产生的建筑垃圾不含在内，如包装袋、瓶罐、墨盒、电池、生活垃圾等应单独按实统计，建立台账并有可追溯性的处理措施）。

【指标解析】建筑垃圾应尽可能在现场内再利用，减少外运的能耗和环境污染。主要建筑垃圾总重量包括实体材料损耗重量和非实体材料损耗重量，其中实体材料损耗重量等于实体材料的进场重量减去用于实际工程使用重量和库存重量；非实体材料损耗重量等于非实体材料进场重量减去可重复使用的非实体工程材料出场总重量。

出场废弃物总重量可按“表 4.2-3 现场固体废弃物排放量统计表”进行统计。

主要建筑垃圾总重量＝实体材料损耗重量＋非实体材料损耗重量

式中：实体材料损耗重量＝实体材料的进场重量－用于实际工程使用重量－库存重量

非实体材料损耗重量＝非实体材料进场重量－可重复使用的非实体工程材料出场总重量

注意：实体材料进场重量应与“表 4.2-7 工程实体材料损耗率统计表”中统计数据一致；非实体材料进场重量、可重复使用的非实体工程材料出场总重量应与“表 4.2-8 非实体材料可重复使用率统计表”中统计数量一致。

Ⅲ 节能与能源利用

【指标】节能控制：能源消耗。

【控制指标】能源消耗比定额用量节省不低于 10%。

【计算公式】（预算用电量－实际用电量）/预算用电量≥10%

【指标解析】本条的关键是统计实际用电量，应为生活区（包括外租生活区）用电总量、办公区用电总量、生产区用电总量之和。实际用电统计表见表 4.2-9。

实际用电统计表（单位：kWh） **表 4.2-9**

统计时间	统计部位	电表读数	本月用量	总用电量	总表读数	预算用量	节省比例
__年__月__日	生活区						
	办公区						
	生产区						

续表

统计时间	统计部位	电表读数	本月用量	总用电量	总表读数	预算用量	节省比例
__年__月__日	生活区						
	办公区						
	生产区						
……							

注：1. 应分区安装电表进行统计，原则上每月至少统计一次；
2. 总用电量为三个区分表读数的总和；总表读数为本月应交电费总额；当总表读数与总用电相差太大时，应查找原因，进行整改；
3. 预算用量－总用电量（总表读数）/预算用量×100%＝节省比例。

【指标】节能控制：材料运输。

【控制指标】距现场500km以内建筑材料采购量占比不低于70%。

【计算公式】500km以内建筑材料生产总重量/工程建筑材料总重量≥70%（指采购地）。

【指标解析】主要指建筑材料的最后一个加工或生产场地距施工现场的运输距离应尽量的短，以减少运输能耗和环境污染。注意是加工或生产场地，而不是销售场地。500km以内生产建材统计表见表4.2-10。

500km以内生产建材统计表 **表4.2-10**

材料名称	生产场地	距现场距离≤500km		距现场距离>500km	
		距现场距离(km)	采购数量(t)	距现场距离(km)	采购数量(t)
……					
合计			$X=$		$Y=$
距现场500km以内建筑材料采购量占比＝$X/(X+Y)=$					

Ⅳ 节水与水资源利用

【指标】节水控制：施工用水。

【控制指标】比工程施工设计用水量降低10%（无地下室时8%）。

【计算公式】（预算用水量－实际用水量）/预算用水量≥10%（无地下室时8%）。

（注：预算用水量为施组中工程总用水量）

【指标解析】本条的关键是统计清晰实际用水量，应为生活区（包括外租生活区）用水总量、办公区用水总量、生产区用水总量之和。实际用水统计表见表4.2-11。

实际用水统计表（单位：t） **表4.2-11**

统计时间	统计部位	水表读数	本月用量	总用水量	总表读数	预算用量	节省比例
__年__月__日	生活区						
	办公区						
	生产区						

续表

统计时间	统计部位	水表读数	本月用量	总用水量	总表读数	预算用量	节省比例
__年__月__日	生活区						
	办公区						
	生产区						
……							

注：1. 应分区安装水表进行统计，原则上每月至少统计一次；

2. 总用水量为三个区分表读数的总和；总表读数为本月应交水费总额；当总表读数与总用水相差太大时，应查找原因，进行整改；

3. 预算用量－总用水量（总表读数）/预算用量×100%＝节省比例。

【指标】水资源利用：非传统水源利用。

【控制指标】湿润区非传统水源回收再利用率占总用水量不低于30%；半湿润区非传统水源回收再利用率占总用水量不低于20%。

【计算公式】非传统水源使用量/总用水量≥30%（20%）。

（注：非传统水源包括基坑降水、雨水、洗车水、生活洗漱废水等，应进行计量）。

【指标解析】湿润地区：我国干燥度＜1.00的地区，降水量一般在800mm以上；半湿润地区：我国干燥度在1～1.49之间的地区，降水量一般在400～800mm之间。本条对干旱区和半干旱区没有设置要求。

我国湿润地区：台湾、广东、广西、福建、浙江、云南、贵州、湖南、江西、重庆、上海、四川东部、江苏南部、安徽南部、黑龙江东部、吉林东部、辽宁东部。半湿润地区：河北、山东、河南大部、山西南部、四川西部、黑龙江西部、吉林西部、辽宁西部、陕西南部、北京、天津。非传统水源利用统计表见表4.2-12。

非传统水源利用统计表（单位：t） **表4.2-12**

统计时间	非传统水源类别	使用量	累计量	总用水量	占比(%)
__年__月__日	雨水				
	洗车水				
	……				
__年__月__日	雨水				
	洗车水				
	……				
……					

注：1. 针对每一个非传统水源利用点尽可能安装水表进行用水统计；

2. 累计量为整个工程开工以来统计的非传统水源利用总用量；总用水量为开工以来所有用水量，包括传统水源使用总量和非传统水源使用总量，注意传统水源使用总量应与“表4.2-11 实际用水统计表”一致。

Ⅴ 节地与施工用地保护

【指标】节地控制：施工用地。

【控制指标】临建设施占地面积有效利用率大于90%。

【计算公式】临建设施占地面积/临时用地总面积≥90%。

（注：1. 临时用地总面积＝用地红线面积－建筑外轮廓线面积；

2. 临建设施占地面积＝生活区板房占地面积＋办公区板房占地面积＋施工区占地面积；

3. 施工区占地面积包括各类设施设备、板房、加工棚、施工道路、围墙等占地面积与结构顶板、内支撑平台、外租场地等增加用地之和）。

【指标解析】本条旨在对施工用地进行保护，要求用地红线范围内尽可能少的扰动土地，对不得已进行扰动的土地，有效利用率应大于90％。此处所指"用地红线面积"指红线范围内被扰动的施工用地，不包括事先保护起来，没有进行扰动的土地。临建设施占地面积有效利用率统计表见表4.2-13。

临建设施占地面积有效利用率统计表　　表4.2-13

<table>
<tr><th>区域</th><th>临建设施名称</th><th>面积(m^2)</th><th>累计面积(m^2)</th></tr>
<tr><td rowspan="4">生活区</td><td>宿舍区板房</td><td></td><td rowspan="11">$Z=$</td></tr>
<tr><td>厕所</td><td></td></tr>
<tr><td>食堂</td><td></td></tr>
<tr><td>……</td><td></td></tr>
<tr><td rowspan="3">办公区</td><td>办公区板房</td><td></td></tr>
<tr><td>办公区停车场</td><td></td></tr>
<tr><td>……</td><td></td></tr>
<tr><td rowspan="3">施工区</td><td>施工道路</td><td></td></tr>
<tr><td>木工棚</td><td></td></tr>
<tr><td>……</td><td></td></tr>
<tr><td></td><td></td></tr>
<tr><td>用地红线面积</td><td colspan="3">$X=$</td></tr>
<tr><td>红线内未被扰动的面积</td><td colspan="3">$Y=$</td></tr>
<tr><td>建筑外轮廓线面积</td><td colspan="3">$Q=$</td></tr>
<tr><td>占比</td><td colspan="3">$Z/(X-Y-Q)=$</td></tr>
</table>

注：当场地内临建设施变化时应重新统计计算。

Ⅵ 人力资源节约与职业健康安全

【指标】人力资源节约：总用工量。

【控制指标】总用工量节约率不低于定额用工量的3％。

【计算公式】总用工量节约率＝1－（实际用工量/定额总用工量）≥3％。（注：含各工种作业人员，不包括管理人员）。

【指标解析】实际用工量按实际发生进行统计。可按表4.2-14统计，也可根据结算资料计算。

实际用工量统计表　　单位：工日　　表 4.2-14

时间	钢筋工	混凝土工	电工	机械工	木工	架子工	……	小计
__年__月__日								
__年__月__日								
……								
合计								

【指标】职业健康安全：个人防护器具配备。

【控制指标】危险作业环境个人防护器具配备率100%；对身体有毒有害的材料及工艺使用前应进行检测和监测，并采取有效的控制措施；对身体有毒有害的粉尘作业采取有效控制。

【计算公式】个人防护用具包括：防毒器具、焊光罩、安全帽、安全带、安全绳，配置率达到100%。(注：建立个人防护用具台账、合格证、领用记录，全数检查)。

【指标解析】建立个人防护用具领用台账，并定期检查。注意实施前应对需要配备个人防护用具的工种和人员进行识别，保证配置合适的，足额的个人防护用具。个人防护用具台账见表4.2-15和表4.2-16。

个人防护用具台账　　表 4.2-15

防护用具名称	品牌	进场数量	合格证编号

注：1. 防护用具包括：防毒器具、焊光罩、安全帽、安全带、安全绳等；
　　2. 防护用具合格证复印件作为本表附件。

个人防护用具领用台账　　表 4.2-16

防护用具名称	领用数量	领用人	领用日期

注：防护用具包括：防毒器具、焊光罩、安全帽、安全带、安全绳等。

Ⅶ 环境效益

【指标】CO_2 排放量。

【控制指标】无。

【计算公式】C（碳排放量）$=\sum C1+\sum C2$。

式中：C1（材料运输过程的 CO_2 排放量）＝碳排放系数×单位重量运输单位距离的能源消耗×运距×运输量；

C2（建筑施工过程的 CO_2 排放量）＝碳排放因子×［$\sum C2_1$（施工机械能耗）$+\sum C2_2$（施工设备能耗）$+\sum C2_3$（施工照明能耗）$+\sum C2_4$（办公区能耗）$+\sum C2_5$（生活区能耗）］

（注：1. 对于建筑材料碳排放核算，将施工过程中所消耗的所有建筑材料按重量从大到小排序，累计重量占所有建材重量的90%以上的建筑材料都作为核算项；

2. 施工过程的能耗全部作为核算项，但须按地基基础、主体结构施工、装饰装修与机电安装三个阶段，并分成施工机械、施工设备、施工照明、办公用电、生活用电分别进行统计；

3. 物料运输碳排放计算，以《全国统一施工机械台班费用定额》中给定的水平运输机械消耗定额为基础，将运输量与机械台班的产量消耗定额相乘得到能源消耗，然后与各能源碳排放因子相乘；

4. 各种能源的碳排放因子采用政府间气候变化专门委员会（IPCC）给出的能源碳排放因子；

5. 材料运距指材料采购地距离。）

【指标解析】（1）在进行材料碳排放核算前，先将工程过程中所消耗的所有材料按重量从大到小排序，找出累计重量占所有建材重量90%以上的建筑材料。材料重量累计表见表4.2-17。

材料重量累计表 **表4.2-17**

材料名称	重量	累计重量	占比(%)
混凝土	$X1$	$X1$	$Z=X1/Y\times100\%$
钢筋	$X2$	$X1+X2$	$Z=(X1+X2)/Y\times100\%$
砌块	$X3$	$X1+X2+X3$	$Z=(X1+X2+X3)/Y\times100\%$
……	……	……	……

注：1. Y 为工程所有材料重量；

2. 应统计 Z 大于等于90%之前的所有材料运输过程的 CO_2 排放量。

（2）对表4.2-18中统计出来的累计占比90%以上的建筑材料的运输过程 CO_2 排放量进行统计。

（3）建筑施工过程的 CO_2 排放量可将施工机械、施工设备、施工照明、办公用电、生活用电能耗全部折算为标准煤后进行统计，再根据政府间气候变化专门委员会（IPCC）给出的能源碳排放因子进行计算。

材料运输过程的 CO_2 排放量统计表　　表 4.2-18

材料名称	碳排放系数	单位重量运输单位距离的能源消耗	运距(m)	数量(t)	CO_2 排放量
混凝土					
钢筋					
砌块					
……	……	……	……	……	……

注：1. 当各类材料有多个采购地点时，应分别进行统计计算，如混凝土 1、混凝土 2……；
2. 各种能源的碳排放系数采用政府间气候变化专门委员会(IPCC)给出的能源碳排放系数；
3. CO_2 排放量＝碳排放系数×单位重量运输单位距离的能源消耗×运距×运输量。

4.3 评价内容及实施与评价指南

对应“指标及指南”“第三章 评价内容及实施与评价指南”。

Ⅰ“绿施科技示范”管理

1. 组织管理

(1) 应建立健全满足“绿施科技示范”实施和推广要求的工作机制。

① “绿施科技示范”实施和推广的组织管理体系应有企业相关管理部门、项目部共同参与。

条文解析：“绿施科技示范”属于住房和城乡建设部科技课题，因此其创建过程属于课题研究过程，且要求必须有自主创新技术，所以，其实施的管理机构应有创建单位企业级科研管理部门参与，而不应只有项目部管理人员。

专家主要核查：“绿施科技示范”组织管理机构中是否有企业级管理部门的参与，且在绿施示范工程实施过程中，企业管理部门切实发挥了相关作用。

② 相关制度和管理办法应对本指标中评价内容全覆盖，并包括对分包的管理。

条文解析：应加强“绿施科技示范”创建的针对性，制定的相关制度和管理办法与“指标及指南”应完全对应，内容全覆盖，指标应符合。同时，有针对分包管理的相关制度和管理办法。

专家主要核查：对照“指标及指南”核查相关管理制度和管理办法，主要核查内容是否全面；指标制定是否与“指标及指南”一致；是否有针对分包管理的相关内容。

2. 策划管理

(1) 应编制《绿色施工方案》和《绿色施工科技示范工程实施方案及推广计划》；

(2) 应针对工程特点，对主要示范内容进行策划。

① 施工组织设计中应包含绿色施工策划与实施内容。

条文解析：施工组织设计是用以指导施工组织与管理、施工准备与实施、施工控制与协调、资源的配置与使用等全面性的技术、经济文件，是对施工活动全过程进行科学管理的重要手段。绿色施工作为施工过程的组成部分，其内容不应该是独立的，而必须融入施工组织设计的管理范畴。

专家主要核查：施工组织设计中绿色施工策划和实施的相关内容。

②《绿色施工科技示范工程实施方案及推广计划》中必须包括的内容见附件 1。

条文解析："指标及指南"对《绿色施工科技示范工程实施方案及推广计划》提出了详细的编制要求，绿施科技示范应严格按要求进行编制并在实施过程中认真按计划实施。

专家主要核查：核查是否编制了《绿色施工科技示范工程实施方案及推广计划》且其内容是否满足"指标及指南"中的附件 1 的编制要求。

③ 针对各项量化指标，所采取的措施应结合工程特点及地域特点，科学合理，并应优先选用《绿色施工技术推广目录》中的技术和措施，有效地完成各项控制指标。

条文解析：此处《绿色施工技术推广目录》中罗列的 77 项技术和措施，在"绿施科技示范"实施中应优先采用。

专家主要核查："指标及指南"中"第二章　量化考核指标"中各项指标的制定情况以及是否针对每一项指标采取了科学合理的实施措施，并考核指标的完成情况。

④ 主要示范内容必须具有针对性，能够解决本工程绿色施工难点，并具有推广意义。

条文解析：主要示范内容是指绿施示范工程在立项申报时是否根据工程的重难点进行策划和部署，并具有一定的推广价值。

专家主要核查：主要示范内容的策划是否符合工程特点，具有针对性；主要示范内容的实施效果是否具有示范作用。

⑤ 方案必须按规定完成审批。

条文解析：此处方案指《施工组织设计》和《绿色施工科技示范工程实施方案及推广计划》，一般情况下应由总承包单位技术负责人审批。

专家主要核查：《施工组织设计》和《绿色施工科技示范工程实施方案及推广计划》是否按要求完成了审批。

3. 实施管理

（1）实施过程中，对各项量化指标应按阶段进行分解。

（2）应保留完整的过程资料。

（3）对各阶段完成情况应进行评价。

（4）项目实施应满足国家现行的绿色施工相关标准规范的要求。

① 量化指标应根据本指标的要求，并结合项目所处的地域特点、项目特点、项目承担单位的相关要求进行制定并按阶段进行分解。

条文解析：施工是一个相对漫长的过程，随着施工阶段的变化其能耗、水耗、人力资源以及现场污染源等都会发生一定的变化，因此，绿色施工设定的量化指标也应该是动态的，设定一套总指标后，应根据项目特点，结合项目所处的地域特点对总指标按阶段进行分解。

专家主要核查："指标及指南""第二章　量化考核指标"中固体废弃物排放量、建筑实体材料损耗率、非实体材料可重复使用率、建筑垃圾回收利用率、能源消耗、施工用水、非传统水源利用、临建设施占地面积有效利用率、职工宿舍使用面积、总用工量等指标是否按"地基与基础施工阶段、主体结构施工阶段、装饰装修与机电安装施工阶段"进行了分解，分解是否结合了项目所处的地域特点、项目特点，是否做到科学、有效。

② 过程资料完整、真实、便于查找，数据链符合逻辑、具有可追溯性。并应有施工项目 CO_2 排放量的统计分析报告。

条文解析：绿色施工属于过程行为，随着工序的结束，很多相关措施将不再可见。因此，绿色施工对过程资料的收集要求比较严格，必须完整（纵向完整：从开工到竣工全过程资料；横向完整：整个施工现场所有工序，所有参与对象）、真实（绿色施工资料严禁造假，应及时收集、及时整理、及时分析）、便于查找（应按施工时间顺序分门别类，统一编号）、可追溯（绿色施工资料要求能以数据佐证时，必须优先用数据佐证，数据应该闭合，符合逻辑，可追溯）。

CO_2 排放量是指在生产、运输、使用及回收某产品时所产生的平均温室气体排放量。绿色建筑要求对建筑全寿命期 CO_2 排放量进行统计计算，而绿色施工作为绿色建筑全寿命期中重要一环，也被要求进行 CO_2 排放量的统计。施工项目 CO_2 排放量统计可按照"指标及指南"第四章"7 环境效益 项目的 CO_2 排放量"提供的计算公式进行计算：

$$C（碳排放量）=\sum C1+\sum C2$$

式中：C1（材料运输过程的 CO_2 排放量）＝碳排放系数×单位重量运输单位距离的能源消耗×运距×运输量；

C2（建筑施工过程的 CO_2 排放量）＝碳排放因子×［$\sum C2_1$（施工机械能耗）＋$\sum C2_2$（施工设备能耗）＋$\sum C2_3$（施工照明能耗）＋$\sum C2_4$（办公区能耗）＋$\sum C2_5$（生活区能耗）］；

（注：1. 对于建筑材料碳排放核算，将施工过程中所消耗的所有建筑材料按重量从大到小排序，累计重量占所有建材重量的90%以上的建筑材料都作为核算项；

2. 施工过程的能耗全部作为核算项，但须按地基基础、主体结构施工、装饰装修与机电安装三个阶段，并分为施工机械、施工设备、施工照明、办公用电、生活用电分别进行统计；

3. 物料运输碳排放计算，以《全国统一施工机械台班费用定额》中给定的水平运输机械消耗定额为基础，将运输量与机械台班的产量消耗定额相乘得到能源消耗，然后与各能源碳排放因子相乘；

4. 各种能源的碳排放因子采用政府间气候变化专门委员会（IPCC）给出的能源碳排放因子；

5. 材料运距指材料采购地距离）。

专家主要核查：绿色施工过程资料的真实性、完整性、可追溯性等；施工项目 CO_2 排放量的统计分析报告。

③ 评价的内容应该包括：能源消耗、资源浪费和环境污染等各项技术指标、技术措施的科学、合理性评价；施工过程中能源和自然资源消耗、生态环境改变、水资源利用的合理程度和合法性的评价；企业的节能、降耗、环保意识是否得到提高。评价结果应当用于持续改进。

条文解析："绿施科技示范"要求根据《住房和城乡建设部绿色施工科技示范工程技术指标及实施与评价指南》（附件9）并结合工程实际情况设定科学的关于能源消耗、资源浪费和环境污染等各项技术指标，并通过科学合理技术措施的实施予以实现。过程评价的目的是为了找出问题、分析问题、解决问题。对于“绿施科技示范”的过程评价，应对每次评价结果进行分析，保留相关分析资料；有针对性地分析结果制定的改进措施，并有措施实施后与实施前结果的对比分析，体现持续改进。

专家主要核查：是否针对各项技术指标采取合理科学的技术措施，通过查验现场实际、过程数据及评价资料了解并判定各项技术指标的完成情况，核查过程评价资料及针对评价进行的结果分析、措施制定以及整改反馈等资料。

Ⅱ 技术应用、创新与科技示范

1. 主要示范内容

① 绿色施工科技示范工程实施方案中应包含对主要示范内容的策划。

条文解析：“绿施科技示范”的实施方案应针对申报书中承诺主要示范内容的实施提出策划，策划应科学、细致、可操作性强。宜针对每一项示范内容单独作出详细的策划，单项示范内容策划宜包括“技术内容、技术要点、实施措施、预期成果、示范效果”等内容。

专家主要核查：“绿施科技示范”的实施方案中主要示范内容的策划情况。

② 主要示范内容必须具有针对性，符合工程特点，并具有良好的示范作用。可以是《绿色施工技术推广目录》中的推广应用技术、“全国建设行业科技成果推广项目”、地方住房和城乡建设行政主管部门发布的推广项目等先进适用技术或自主创新技术，也可以是先进的量化技术指标。

条文解析：前面已经提到“主要示范内容”是“绿施科技示范”的重中之重。主要示范内容可以由三部分组成：A. 是行业内领先的先进技术（《绿色施工技术推广目录》中的推广应用技术、“全国建设行业科技成果推广项目”、地方住房和城乡建设行政主管部门发布的推广项目等先进适用技术）；B. 是自主创新技术（应有取得的相应科技成果或总结）；C. 是先进的量化技术指标（量化指标中因管理科学或技术进步完成的特别突出的）。本条主要考核主要示范内容的两大方面，其一是是否结合工程实际，具有针对性；其二是内容的示范作用。

专家主要核查：主要示范内容的组成是否符合工程特点，具有针对性和先进性；主要示范内容的实施效果是否具有示范作用。

③ 主要示范内容应在实施过程中及时检查、总结、完善，形成单项或成套技术，以便推广应用。

条文解析：对主要示范内容的总结在“绿色科技示范”相关要求中被反复强调。主要示范内容（先进技术、自主创新技术和突出的考核指标）应在实施过程中就及时总结提炼，搭配文字、图片、表格、计算式等，总结内容可参见本手册“3 实施要点”的“3.3 创建要点”的“（5）及时总结提炼，申报成果”中“示范工程单项技术总结至少应包含的内容”。

示范工程单项技术总结至少应包含以下内容：

A. 技术名称；

B. 技术应用部位；

C. 技术应用数量；

D. 技术简介（技术原理、实施流程、工艺要点等）；

E. 技术实施取得的效益分析（环境效益、社会效益、经济效益）；

F. 技术在行业中所处水平、推广应用前景、技术成熟度及现阶段推广主要存在的问题分析等。

专家主要核查：主要示范内容分单项进行的总结，总结应内容齐全，具有示范作用。

④ 对主要示范技术应有评价报告（内容包括与传统技术相比，减排降耗以及提高职业健康安全水平的贡献、技术行业中所处水平、推广前景、技术的成熟度、推广的障碍等）。

条文解析："绿施科技示范"要求对创新技术和主要示范技术逐项进行总结，本条要求在创新技术和主要示范技术的单项技术总结中应有评价报告内容，主要包括与传统技术相比，该技术在减排降耗方面和提高职业健康安全水平的优势（贡献），该技术在行业中所处的水平，技术的推广应用前景分析，技术的成熟度（是否已在工程上实践以及实践结果如何）以及目前该技术推广中存在的主要障碍等。

专家主要核查：对照申报书核查是否有创新技术及主要示范技术的评价报告；评价报告是否针对每一项创新技术和主要示范技术进行，没有缺项、漏项；评价报告内容是否包含了与传统技术相比，具有的减排降耗的贡献、技术行业中所处水平、推广前景、技术的成熟度、推广的障碍等。

2. 技术应用

① 绿色施工科技示范工程实施方案中应包含绿色施工技术应用计划与实施方案。绿色施工技术的采用应符合地域和工程特点。

条文解析："绿施科技示范"主要示范内容中应包含先进技术的应用，先进技术主要指行业内领先的先进技术，包括《绿色施工技术推广目录》中的推广应用技术、"全国建设行业科技成果推广项目"、地方住房和城乡建设行政主管部门发布的推广项目等先进适用技术等。实施前应在实施方案中结合工程所在地地域特点和工程自身特点详细策划拟采用的先进技术和先进技术的具体实施方案。

专家主要核查：对照申报书核查绿色施工实施方案中先进技术的应用计划和实施方案，主要核查技术的采用是否符合项目地域和工程特点，科学性和针对性强。

② 积极推广应用业内成熟的新技术、新成果，实现与提高绿色施工的各项指标。

条文解析："绿施科技示范"作为示范工程，具有辐射带动和示范作用是对其的根本要求。因此在示范工程实施过程中应结合工程特点，自觉主动采用适宜的业内成熟新技术、新成果，为引领和推动绿色施工技术进步作出贡献。

专家主要核查：核查单项先进技术的应用总结，总结应内容齐全，具有示范作用。

③ 应对绿色施工技术应用完成情况进行统计；并应对技术应用效果应进行对比分析并形成报告（内容包括与传统技术相比，减排降耗的贡献等）。

条文解析：本条在前面已有类似内容条款，此处略。

专家主要核查：略。

3. 自主创新技术

① 应结合工程特点，立项开展有关绿色施工方面新技术、新材料、新工艺、新设备

的开发和推广应用的研究。不断形成具有自主知识产权的新技术、新施工工艺、工法。并由此替代传统工艺，提高各项量化指标。

条文解析：“绿施科技示范”属于住房和城乡建设部科技课题，因此在实施过程中结合工程特点开展有关绿色施工方面的自主技术研发是其根本要求，也是强制要求。本条要求自主创新技术应具备以下特点：

A. 应是结合工程特点，因地制宜的创新技术；

B. 创新技术应是符合国家“节约资源 保护环境”政策的先进技术；

C. 自主创新技术应形成了自主知识产权，自主知识产权包括专利、工法、标准等。

专家主要核查：对照申报书核查自主创新技术的内容、先进性及形成的科技成果。

② 自主创新技术应在实施过程中及时总结形成工法、专利或论文等成果；或经有关部门对成果的先进性进行评价。

条文解析：“绿施科技示范”的自主创新技术应是符合国家“节约资源 保护环境”政策的先进技术，技术应在实施过程中及时总结形成了科技成果，科技成果包括专利、工法、标准、论文等或者是有关部门对成果进行的认定，其认定结果应体现成果的先进性。

专家主要核查：自主创新技术对应的成果或成果认定报告。

③ 应对技术成果的先进性（总体技术水平等所处的地位）、创新性（形成的新技术、取得的新成果的创新程度：有明显突破或创新、有一定突破或创新、突破和创新不明显）、可推广性（具有良好的示范和带动作用，具有推广应用前景，在同类工程建设中具有指导性和参考价值）、对节材、节能、节水、节地、人力资源节约、职业健康安全以及环境保护的贡献价值进行分析比对（通过技术改进，使资源节约、环境保护效果以及职业健康安全水平得到显著提高）。

条文解析：“绿施科技示范”的自主创新技术应有单项技术总结，总结内容应包括与传统技术的对比分析，分析内容应包括：

A. 先进性：总体技术水平在行业内所处的地位；

B. 创新性：自主创新的程度，一般从自主创新技术取得科技成果来判断，结论分有明显突破或创新、有一定突破或创新、突破和创新不明显等；

C. 可推广性：技术的推广应用价值，结论从具有良好的示范和带动作用，具有推广应用前景，在同类工程建设中具有指导性和参考价值三方面考虑；

D. 对减排降耗的贡献：对节材、节能、节水、节地、人力资源节约、职业健康安全以及环境保护的贡献价值，通过技术改进，是否使资源节约、环境保护效果以及职业健康安全水平得到显著提高。

专家主要核查：自主创新技术单项技术总结，主要核查自主创新技术的先进性、创新性、可推广性和对减排降耗的贡献价值。

④ 对创新技术及主要示范技术有自我评价报告（内容包括技术指标、施工要点、与传统技术相比对减排降耗以及提高职业健康安全水平的贡献、技术在行业中所处水平、推广前景、技术的成熟度、推广的障碍等）。

条文解析：本条与本节“1. 主要示范内容”的第④款要求一致，此处略。

专家主要核查：略。

Ⅲ 环境保护

1. 场界空气质量监控

① 安装空气质量监测设备，按照规范要求、规定布点监测，自动采集数据，记录当地气象部门公布的日空气质量的相关数据，实时与施工现场的空气质量进行对比分析，结果应用于持续改进。

条文解析：空气质量监测设备有手持式和自动监测仪等，本条要求每日上午、下午至少各一次进行相关数据采集并与当地气象部门公布的相关数据进行对比分析，具体采集的数据可参照本手册表 4.2-1 场界空气质量监测数据记录表进行记录。

专家主要核查：场界空气质量监测方案（应包括监测仪器、监测方法、监测频率、测点布置以及数据采集等内容）及数据记录；针对监测数据进行的分析记录及针对分析结果制定的整改措施；整改措施执行反馈情况等。

② 对目标值及实际值应按本指标要求定期进行对比分析（图表分析），尤其对超标原因及纠正措施进行分析。

条文解析：参照本手册表 4.2-1 场界空气质量监测数据记录表进行记录并及时对比分析，发现实际监测数据超过当地气象部门公布的空气质量相关数据时，应有分析说明和采取的相关措施记录。

专家主要核查：场界空气质量监测数据记录。对监测数据超过当地气象部门公布的空气质量相关数据时项目的分析报告、整改措施及整改效果反馈报告等。

③ 应制定监测超标后的应急预案。

条文解析：本条是针对空气污染指数超标后的应急措施，如启动喷雾降尘、马上停止土石方等重尘作业等。要求施工前即制定相关应急预案，并在施工中予以落实执行。本应急预案可以是绿色施工方案的组成部分也可独立成篇。

专家主要核查：扬尘超标后的应急预案，并核查预案的科学性、合理性和施工中的执行情况。

④ 针对量化指标所采取的技术、措施及优化方案对指标完成效果的影响等，应进行对比分析并形成报告

条文解析：本条是对绿色施工总结的细化要求。要求对场界空气质量监控设备选取、监测点位置设置、监测频率设定等监测方案、监测过程实际数据收集、对比分析、整改措施选取以及措施实施后的效果等进行总结，并对措施前后空气质量情况进行对比分析，最后形成相关报告。注：该报告可是绿色施工总结报告的组成部分也可独立成篇。

专家主要核查：场界空气质量监控情况总结报告。

2. 噪声控制

① 应按工程场界内噪声污染源合理布设噪声监测点，设定检测时段及频次进行检测并采集记录数据。数据应完整、真实、便于查找。

条文解析：随着施工阶段的不同，场界内噪声污染源是变动的，本条主要要求对场界内噪声监测制定监测方案，方案内容应包括监测时段、监测频次、监测设备、监测方法等，同时设计相关的监测数据记录表格，表格可参照本手册表 4.2-2 噪声控制监测数据记

录表。

专家主要核查：噪声的监测方案及记录。

② 对目标值及实际值应定期进行对比分析（图表分析），尤其对超标原因要进行分析并据此优化现场噪声控制措施。

条文解析：参照本手册表 4.2-2 噪声控制监测数据记录表进行记录并及时对比分析，发现实际监测数据不满足“昼间噪声不大于 70dB，夜间噪声不大于 55dB”的要求时，应有分析说明和采取的相关措施记录。

专家主要核查：噪声的监测记录。对监测数据不满足“昼间噪声不大于 70dB，夜间噪声不大于 55dB”要求时项目的分析报告、整改措施及整改效果反馈报告等。

③ 应制定监测超标后的应急预案。

条文解析：本条是针对噪声控制指数超标后的应急措施，如加设隔声降噪设施、马上停止木工加工等重噪声作业等。要求施工前即制定相关应急预案，并在施工中予以落实执行。本应急预案可以是绿色施工方案的组成部分也可独立成篇。

专家主要核查：噪声超标后的应急预案，并核查预案的科学性、合理性和施工中的执行情况。

④ 针对量化指标所采取的技术、措施及优化方案对指标完成效果的影响等，应进行对比分析并形成报告。

条文解析：本条是对绿色施工总结的细化要求。要求对场界噪声监控设备选取、监测点位置设置、监测频率设定等监测方案、监测过程实际数据收集、对比分析、整改措施选取以及措施实施后的效果等进行总结，并对措施前后噪声污染情况进行对比分析，最后形成相关报告。注：该报告可是绿色施工总结报告的组成部分也可独立成篇。

专家主要核查：噪声控制监控情况总结报告。

3. 建筑垃圾控制

① 量化考核指标应满足本指标的要求，并应按地基基础、主体结构、装饰装修和机电安装三个阶段进行分解。

条文解析：建筑垃圾控制考核指标主要是每万平方米建筑面积建筑垃圾排放量不大于 300t（非装配式）或不大于 200t（装配式）。本条要求将上述指标按地基基础、主体结构、装饰装修与机电安装三个阶段进行分解。

专家主要核查：是否制定了每万平方米建筑面积建筑垃圾排放量不大于 300t（非装配式）或不大于 200t（装配式）的控制指标，并按地基基础、主体结构、装饰装修与机电安装三个阶段对指标进行了分解。

② 建筑废弃物排放源识别及统计应全面。对于固体废弃物排放量应按地基基础、主体结构、装饰装修和机电安装三阶段分类进行统计计算，统计时必须标明废弃物排放源。并应包含分包单位固体废弃物排放量统计数据。

条文解析：对建筑废弃物的控制首先从识别排放源开始，要求对项目所有建筑废弃物排放源进行识别，排放源即废弃物产生的源头。其次，要求对识别后的废弃物进行统计，统计可参照本手册表 4.2-3 现场固体废弃物排放量统计表进行统计，表中“类别”一栏即对应废弃物的排放源。

“绿施科技示范”的评价对象是具体的工程，而不是某一企业，因此，分包内容也应纳入管理范畴。

专家主要核查：固体废弃物排放量统计表，主要核查排放源识别是否全面；是否分阶段进行了统计；是否包含分包单位固体废弃物的排放量等。

③ 应针对工程实际，分析每一主要排放源，制定具有针对性的建筑垃圾减量化措施，并应优先选用《绿色施工技术推广目录》中的技术，提高建筑垃圾减量化水平。

条文解析：最大的节约是通过科学管理和建筑进步提高施工质量，减少维修和返工，从源头减少废弃物的产生。本条要求针对识别后的废弃物排放源逐项制定减量化措施，措施包括管理措施、技术措施等，应优先选用《绿色施工技术推广目录》中的技术措施。

专家主要核查：固体废弃物减量化措施，主要核查是否针对每一类废弃物排放源制定了减量措施；措施是否科学、是否有效以及工程固体废弃物排放量控制达标情况等。

④ 对目标值及实际值应定期进行对比分析（图表分析），据此优化现场减量化措施。

条文解析：建筑固体废弃物的目标值应根据工程实际情况，以能控制其产生量为目的进行细化，宜根据不同的排放源进行细化。如预拌混凝土类废弃物统计，可参照表 4.3-1 进行统计和对比分析。

预拌混凝土类废弃物统计（m^3） **表 4.3-1**

时间	进场	工程使用	余料	现场再利用		废弃	目标
				浇筑零星构件	浇筑临时设施		
__年__月__日							
__年__月__日							
__年__月__日							
……							

注："进场" 指当天总共进场的数量；"工程使用" 指实际用于工程实体的数量，不包括因施工质量问题造成的返工、维修等浪费的数量；"余料"等于进场数量减去工程使用数量；"现场再利用"指余料在现场的直接再利用，如浇筑零星构件和临时设施等；"废弃"等于余料减去现场再利用的数量；"目标"可按项目设定的混凝土损耗量目标值计算也可按建筑垃圾分类细化减量化目标设置。

结合表 4.3-1 的统计结果，可以绘制曲线图进行分析（曲线图示意见图 4.3-1）。其他类废弃物可参照预拌混凝土进行统计分析。

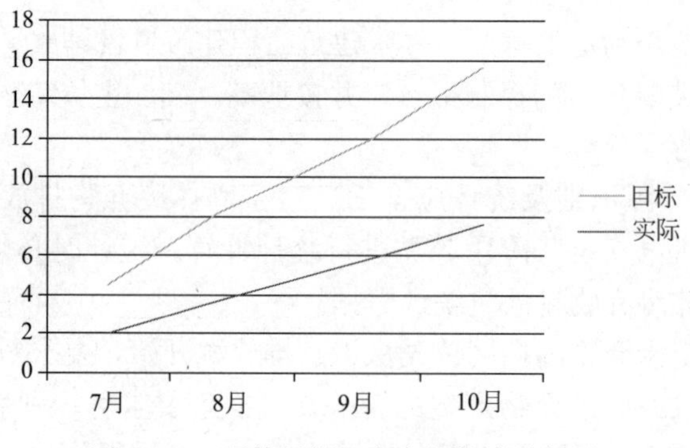

图 4.3-1 预拌混凝土废弃物统计分析图

绘制统计分析图后应进行比对分析：A. 当目标值远大于实际值时，应考虑调低目标值，加大控制力度；B. 当实际值超过目标值时，应查找原因，制定整改措施。

专家主要核查：固体废弃物实际值与目标值的对比分析图表及其分析，核查图表的科学性和可操作性；分析的准确性以及针对分析结果采取的改进措施和落实情况。

⑤ 针对量化指标所采取的技术、措施及优化方案对指标完成效果的影响等，应进行对比分析并形成报告。

条文解析：本条是对绿色施工总结的细化要求。要求对建筑垃圾控制的减量化和再利用方案、施工过程中实施情况及实际数据收集、对比分析、整改措施选取以及措施实施后的效果等进行总结，并对措施前后建筑垃圾的减量和控制情况进行对比分析，最后形成相关报告。注：该报告可是绿色施工总结报告的组成部分也可独立成篇。

专家主要核查：建筑垃圾控制情况总结报告。

4. 有毒、有害废弃物控制

① 对有毒、有害废弃物进行充分识别并分类收集，并交由有资质单位合规处理。应建立处理记录统计台账，出场记录完整、数据真实、可追溯。

条文解析：开工前应对照设计施工图和施工组织设计对工程涉及的有毒、有害物质进行充分识别并制定分类收集和合规处理方案。过程中严格按方案对有毒、有害废弃物进行收集和处理，并建立处理记录统计台账，台账可参照本手册表 4.2-4 一类有毒有害废弃物控制及处理台账和表 4.2-5 二类有毒有害废弃物控制及处理台账。

专家主要核查：有毒、有害废弃物处理记录统计台账及相关附件。主要核查记录是否完整、数据是否真实、相关回收单位是否具有相应资质等。

② 针对量化考核指标，所采取的措施应先进适宜，科学合理，并应优先选用“技术公告”中的技术。

条文解析：现场针对识别后的有毒、有害废弃物的分类收集和处理措施应科学、适宜、安全，优先选用《绿色施工技术推广目录》中的技术。

专家主要核查：有毒、有害废弃物的分类收集和处理措施是否科学、适宜、安全。

5. 污废水控制

① 设置水质监测点。对施工现场排放的污水进行合规检测处理合格后，排入市政管网。对不能排入市政管网的污水按规定处理后，达标排放；必要时可设置废水处理设备，进行合理回用。

条文解析：根据工程现场情况和污废水排放点布置情况，设置水质监测点。水质监测点一般应设置在现场排放的污水经汇集处理后排向市政管网或其他允许排放的出水口的排水处，证明实现了达标排放。

另外，施工现场范围内设置的废水处理设施，对收集的污废水进行净化处理后在现场合理再利用的，其取水口也应布置水质监测点，对净化后的中水进行检测，确保满足再利用水质要求。

专家主要核查：污废水水质监测点布置情况及监测结果是否满足达标排放和再利用水质要求。

② 对于可能引起水体污染的施工作业，采取措施防止污染，如水上、水下作业，疏浚工程，桥梁工程等。

条文解析：要求对施工过程中可能对水体（包括场地内或场地附近河流、湖泊等水体和地下水）产生污染的施工作业进行识别，施工前制定防止水体污染的措施，并在施工中严格执行。

专家主要核查：对场地内或周边水体的识别及采取的对应保护措施。

③ 现场设置沉淀池、隔油池、化粪池，定期进行清理。

条文解析：现场临时设施厨房需修建隔油池、厕所需修建化粪池、污废水应100%有组织排放并经沉淀池净化处理后达标排放。沉淀池、隔油池、化粪池应制定定期清理制度并在施工中严格执行，清理应保留相关记录。定期清理频次应以确保以上三类水处理设施不会满溢，造成水土污染为原则进行确定。

专家主要核查：现场查看沉淀池、隔油池、化粪池的修建情况；查阅沉淀池、隔油池、化粪池的定期清理记录。

④ 对污废水应建立处理记录台账，记录资料完整、真实、便于查找，数据链符合逻辑、具有可追溯性。

条文解析：开工前应对照设计施工图和施工组织设计对工程污废水水源进行充分识别并制定水质监测方案。过程中建立污废水监测记录台账，台账可参照本手册表4.2-6现场污废水检测记录。

专家主要核查：污废水检测记录台账及相关附件；现场查看污废水测点位置。

⑤ 针对量化考核指标，所采取的措施应先进适宜，科学合理，并应优先选用“技术公告”中的技术。

条文解析：现场针对识别后的污废水收集、处理和监测措施应科学、适宜、安全，优先选用《绿色施工技术推广目录》中的技术。

专家主要核查：污废水收集、处理和监测措施是否科学、适宜、安全。

⑥ 针对量化指标所采取的技术、措施及优化方案对指标完成效果的影响等，应进行对比分析并形成报告。

条文解析：本条是对绿色施工总结的细化要求。要求对污废水的收集、处理和检测方案、施工过程中实施情况及实际数据收集、对比分析、整改措施选取以及措施实施后的效果等进行总结，并对措施前后污废水水质情况进行对比分析，最后形成相关报告。注：该报告可是绿色施工总结报告的组成部分也可独立成篇。

专家主要核查：污废水控制情况总结报告。

6. 烟气控制

① 量化考核指标应满足本指标的要求。

条文解析：烟气控制的量化考核指标是：A. 工地食堂油烟100%经油烟净化处理后排放；B. 进出场车辆、设备废气达到年检合格标准；C. 集中焊接应有焊烟净化装置。

专家主要核查：烟气控制指标是否满足要求。

② 烟气控制措施应先进适宜，科学合理，并应优先选用《绿色施工技术推广目录》中的技术。

条文解析：烟气控制措施应科学、适宜、安全，优先选用《绿色施工技术推广目录》中的技术。

专家主要核查：烟气措施是否科学、适宜、安全。

7. 资源保护

① 对资源保护分类建立统计台账，记录资料完整、真实、便于查找，数据链符合逻辑、具有可追溯性。

条文解析：对经识别的场地内需要保护的资源建立台账，台账应清晰记录保护资源的基本情况、保护措施、保护效果等。

专家主要核查：资源保护分类统计台账。

② 针对量化考核指标，所采取的措施应先进适宜，科学合理，并应优先选用《绿色施工技术推广目录》中的技术。

条文解析：对施工范围内的文物、古迹、古树、名木、地下管线、地下水、土壤等资源的保护措施应科学、适宜、安全，优先选用《绿色施工技术推广目录》中的技术。

专家主要核查：资源保护措施的科学性、适宜性、安全性。

③ 针对量化指标所采取的技术、措施及优化方案对指标完成效果的影响等，应进行对比分析并形成报告。

条文解析：本条是对绿色施工总结的细化要求。要求对资源保护的识别、保护方案制定、施工过程保护、保护效果等进行总结，形成相关报告。注：该报告可是绿色施工总结报告的组成部分也可独立成篇。

专家主要核查：资源保护情况总结报告。

Ⅳ 节材与材料资源利用

1. 节材控制

① 节材控制目标应符合本指标量化值要求，并应全面覆盖。

条文解析：节材控制的量化考核指标是：A. 结构、机电、装饰装修主要材料损耗率比定额损耗率降低30%；B. 非实体工程材料可重复使用率不低于70%（重量比）；C. 模板周转次数不低于6次。

专家主要核查：节材控制指标是否满足要求。

② 应通过设计深化、施工方案优化、技术应用与创新等手段对节材与材料资源利用进行策划；并应优先选用“技术公告”中的技术，提高节材水平。

条文解析：材料的节约可以通过多种方法实现，加强管理、优化设计、利用新技术、新工艺、新材料、新设备等创新手段等都可以达到节材的目的。施工前应对节材与材料资源利用进行策划；施工中应在保证安全和质量的前提下基于节材的目的不断优化设计和施工组织设计，积极采用相关措施并记录相关数据；施工后应加强总结。对节材措施的选用同样应优先选用《绿色施工技术推广目录》中的技术。

专家主要核查：工程“双优化”情况，节材与材料资源利用策划方案及过程控制，节材效果等。

③ 选择采用周转频次高的模板、脚手架等材料；临时设施推广装配式。对于施工区临时加工棚、围栏等临时设施与安全防护，推广标准化定型产品，提高可重复使用率；周转料具堆放整齐，做好保养维护，延长其使用寿命。

条文解析：本条主要考核现阶段先进节材措施的运用情况。使用铝合金模板等周转频次高的模板、管件合一的脚手架、装配式可周转临建设施以及加强现场材料管理措施等都是被证明行之有效的节材措施。

专家主要核查：施工现场节材先进措施的运用情况和效果。

④ 分类建立材料台账，对节材效果进行全面统计。统计资料完整、真实、便于查找，数据链符合逻辑、具有可追溯性。

条文解析：针对节材控制的量化考核指标：结构、机电、装饰装修主要材料损耗率、非实体工程材料可重复使用率、模板周转次数等建立台账进行统计。统计可参照本手册表4.2-7工程实体材料损耗率统计表、表4.2-8非实体材料可重复使用率统计表。

专家主要核查：节材控制统计台账，核查台账内容是否齐全、真实；对比分析是否合理、有效。

⑤ 针对主要材料，对节材措施（技术、管理、方案优化等）及产生的效果应定期进行对比分析（图表分析），并形成报告，据此优化节材措施。

条文解析：本条是对绿色施工总结的细化要求。要求对主要材料的进场情况、使用情况、损耗情况等进行统计，并与设定的节材控制目标及时进行对比，对比可采用表格或图形，对照分析结果不断优化节材措施，并及时进行总结，形成相关报告。注：该报告可是绿色施工总结报告的组成部分也可独立成篇。

专家主要核查：节材控制情况总结报告。

2. 材料资源利用

① 控制目标指标符合本指标量化值要求，且应按照主要材料种类设立回收利用目标。

条文解析：材料资源利用的量化考核指标是主要建筑垃圾回收再利用率不低于50%。本条要求对主要建筑垃圾进行识别，并分别制定相应的回收利用目标，如混凝土类建筑垃圾、金属类建筑垃圾、木质建筑垃圾等。

专家主要核查：材料资源利用指标是否满足要求。

② 应针对工程特点和地域特点，制定科学合理的材料资源利用计划，优化建筑垃圾回收利用措施。并应优先选用《绿色施工技术推广目录》（附件10）中的技术，提高建筑垃圾回收利用水平。

条文解析：对建筑垃圾的再利用有很多先进的方法，本条要求对产生的建筑垃圾制定科学合理的再利用方案，尽可能提高建筑垃圾的回收利用水平。措施的选用应优先选用《绿色施工技术推广目录》中的技术。

专家主要核查：建筑垃圾回收再利用措施的科学性、合理性以及利用的效果。

③ 分类建立建筑垃圾回收利用台账，统计台账齐全，计算方法合理，资料完整、真实、便于查找，数据链符合逻辑、具有可追溯性。

条文解析：针对各类建筑垃圾建立回收和再利用台账，要求台账内容齐全，统计科学有效，能真实的反映现场建筑垃圾回收再利用情况，同时对优化建筑垃圾回收再利用措施提供指导依据。建筑垃圾回收利用台账可参考本手册表4.2-3现场固体废弃物排放量统计表、表4.2-7工程实体材料损耗率统计表、表4.2-8非实体材料可重复使用率统计表等。

专家主要核查：建筑垃圾回收利用台账，并审核台账的科学性、全面性、有效性以及再利用效果等。

④ 对建筑垃圾及回收利用效果应进行分析（图表分析），据此优化现场建筑垃圾回收

利用措施。

条文解析：统计分析的目的是为了查找问题，分析问题，并解决问题。对建筑垃圾的产量及回收利用量建立台账并采用图表进行对比分析，能及时发现问题，并根据问题制定针对性优化措施，最终实现资源的更好利用。

专家主要核查：与建筑垃圾回收利用台账对应的图表分析资料及建筑垃圾回收利用相关优化措施。

⑤ 针对量化指标所采取的技术、措施及优化方案对指标完成效果的影响等，应进行对比分析并形成报告。

条文解析：本条是对绿色施工总结的细化要求。要求对建筑垃圾的产生情况、再利用情况等进行统计，并与设定的材料资源利用目标及时进行对比，对比可采用表格或图形，对照分析结果不断优化资源利用措施，并进行总结，形成相关报告。注：该报告可是绿色施工总结报告的组成部分也可独立成篇。

专家主要核查：节材资源利用情况总结报告。

V 节能与能源利用

节能控制

① 应根据当地气候和自然资源条件，针对工程特点，制定科学合理的节能控制目标；控制目标指标符合本指标量化值要求，并应按阶段和区域进行分解。

条文解析：节能控制的量化考核指标是：施工用电比定额用电量节省不低于10%；距现场500km以内建筑材料用量占比不低于70%。本条要求设立相关节能控制指标并按区域（施工区、生活区、办公区）和阶段（地基基础、主体结构、装饰装修与机电安装）进行分解。

专家主要核查：节能控制指标是否满足要求；是否对相关指标按阶段和区域进行了分解。

② 应通过设计深化、施工方案优化、技术应用与创新等手段对节能与能源利用进行策划；优先使用国家、行业推荐的节能、高效、环保的施工设备和机具；积极推广使用风能、太阳能、空气能等可再生能源；并应优先选用《绿色施工技术推广目录》中的技术，减少能源消耗。

条文解析：现阶段节能措施有很多，经实践证明效果显著的是采用节能设备和机具以及新能源的利用。本条要求施工前应对节能与能源利用进行策划；施工中应在保证安全和质量的前提下基于节能的目的不断优化设计和施工组织设计，积极采用相关措施并记录相关数据；施工后应加强总结。对节能措施的选用同样应优先选用《绿色施工技术推广目录》中的技术。

专家主要核查：工程“双优化”情况，节能与能源利用策划方案及过程控制，节能效果等。

③ 应对重点耗能设备应建立设备技术档案，定期进行设备维护、保养。

条文解析：重点耗能设备的正确使用，经证实节能效果显著。本条要求在施工过程中对重点能耗设备建立维护保养技术档案，并严格按要求对设备进行维护和保养，保存相关记录。

专家主要核查：设备维保档案。

④ 施工区、生活区、办公区应分区供电计量，大型设备应一机一表。

条文解析：施工区、生活区、办公区因为其用电特点和性质不一样，采取的节能措施也不一样。绿色施工要求分区对用电情况进行计量和统计。

大型设备作为重点能耗设备，其耗电量与其管理和运营状态是密不可分的，大型设备做到一机一表对用电量进行收集和统计，对针对性采取节能措施有积极的作用。

专家主要核查：施工区、生活区、办公区分区供电计量和大型设备一机一表统计表，并现场查看。

⑤ 对施工区、生活区、办公区应分别建立能耗统计台账，数据完整、真实，便于查找，数据链符合逻辑，具有可追溯性；并应对可再生能源利用量应进行计量和统计。

条文解析：对施工区、生活区、办公区分区安装电表并对用电情况进行计量和统计。分区用电计量统计可参照本手册表 4.2-9 实际用电统计表（单位：kWh)。

大型设备一机一表也应对其用电量进行收集和统计。

采用了可再生能源的，可再生能源利用量也应进行计量和统计。可再生能源的计量可以按其取代的用电量进行换算统计。

专家主要核查：分区计量，大型设备一机一表计量，可再生能源计量情况及其数据的完整性、真实性、有追溯性。

⑥ 应分阶段对能耗的目标值及实际值，以及可再生能源利用效果定期进行对比分析(图表分析)，形成报告，并据此优化节能措施。

条文解析：统计分析的目的是为了查找问题，分析问题，并解决问题。对工程实际用能和可再生能源利用效果分阶段分区域建立台账并定期采用图表进行对比分析，能及时发现问题，并根据问题制定针对性优化措施，最终实现能源的高效利用。

专家主要核查：与工程实际用能和可再生能源利用台账对应的图表分析资料及节能相关优化措施。

⑦ 针对量化指标所采取的技术、措施及优化方案对指标完成效果的影响等，应进行对比分析并形成报告。

条文解析：本条是对绿色施工总结的细化要求。要求对工程实际用能和可再生能源利用情况进行统计，并与设定的节能目标及时进行对比，对比可采用表格或图形，对照分析结果不断优化节能措施，并进行总结，形成相关报告。注：该报告可是绿色施工总结报告的组成部分也可独立成篇。

专家主要核查：节能与能源利用情况总结报告。

Ⅵ 节水与水资源利用

1. 节水控制

① 应根据当地气候和自然资源条件，并针对工程特点，制定科学合理的节水控制目标；控制目标指标符合本指标量化值要求，并应按阶段和区域进行分解。

条文解析：节水控制的量化考核指标是施工用水比工程施工设计用水量降低 10%（无地下室时 8%）。本条要求设立相关节水控制指标并按区域（施工区、生活区、办公区）和阶段（地基基础、主体结构、装饰装修与机电安装）进行分解。

专家主要核查：节水控制指标是否满足要求；是否对相关指标按阶段和区域进行了分解。

② 应通过设计深化、施工方案优化、技术应用与创新等手段进行节水策划；并应优先选用《绿色施工技术推广目录》中的技术，减少水耗。

条文解析：现阶段节能措施有很多，经实践证明效果显著的有节水养护和施工用水循环利用等，本条要求施工前应对节水与水资源利用进行策划；施工中应在保证安全和质量的前提下基于节水的目的不断优化设计和施工组织设计，积极采用相关措施并记录相关数据；施工后应加强总结。对节水措施的选用同样应优先选用《绿色施工技术推广目录》中的技术。

专家主要核查：工程“双优化”情况，节水与水资源利用策划方案及过程控制，节水效果等。

③ 在签订不同标段分包或劳务合同时，应将节水定额指标纳入合同条款，进行计量考核。

条文解析：绿色施工从来不是某个单位或某些人的行为，一定是工程各方全体人员共同努力的结果。本条要求对工程分包方和劳务合作方加强节水管理，将节水要求和控制指标纳入相关合同条款，并在施工过程中计量考核。

专家主要核查：分包或劳务合同中节水要求和控制指标相关条款；施工过程中对分包方和劳务队伍用水的计量考核记录。

④ 施工用水、生活用水应分别计量，建立台账。数据真实完整、便于查找，数据链符合逻辑、具有可追溯性。

条文解析：施工区、生活区、办公区因为其用水特点和性质不一样，采取的节水措施也不一样。绿色施工要求分区对用水情况进行计量和统计。

专家主要核查：施工区、生活区、办公区分区用水计量统计表并现场查看。

⑤ 应分阶段、分区域对水耗的目标值及实际值应定期进行对比分析（图表分析），形成报告，并据此优化节水措施，持续改进。

条文解析：统计分析的目的是为了查找问题，分析问题，并解决问题。对工程实际用水情况分阶段分区域建立台账并定期采用图表进行对比分析，能及时发现问题，并根据问题制定针对性优化措施，最终实现节水目标。

专家主要核查：与工程实际用水台账对应的图表分析资料及节水相关优化措施。

⑥ 针对量化指标所采取的技术、措施及优化方案对指标完成效果的影响等，应进行对比分析并形成报告。

条文解析：本条是对绿色施工总结的细化要求。要求对工程实际用水情况进行统计，并与设定的节水目标及时进行对比，对比可采用表格或图形，对照分析结果不断优化节水措施，并进行总结，形成相关报告。注：该报告可是绿色施工总结报告的组成部分也可独立成篇。

专家主要核查：节水情况总结报告。

2. 非传统水源利用

① 应根据当地气候和自然资源条件，针对工程特点，制定科学合理的非传统水利用措施，建立可再利用的水收集处理系统，进行非传统用水的收集、利用，并应优先选用

《绿色施工技术推广目录》中的技术，提高水资源利用率。

条文解析：对雨水、施工用水、生活用水等进行收集，经再处理后，在满足相关使用要求的前提下，合理再利用是既可节约水资源又减少废水排放的好举措。本条要求结合工程所在地的气候和周边水环境情况，针对工程用水特点，制定科学合理的非传统水源利用措施，在现场建立水收集处理系统，进行非传统水源的收集、利用。相关技术应优先选用《绿色施工技术推广目录》中的技术。

专家主要核查：非传统水源利用措施并现场查看水收集处理系统。

② 应绘制施工现场非传统水收集系统布置图。

条文解析：对非传统水的利用应遵循“方便、快捷、安全”的原则，因此宜就近处理、就近利用，现场应根据实际情况分区域多处设置水收集处理系统。本条要求根据实际布置情况绘制施工现场非传统水收集系统布置图，需要注意的是：当现场非传统水收集系统随施工阶段的变化而变化时，其布置图也应重新绘制。

专家主要核查：各施工阶段的施工现场非传统水收集系统布置图并现场核对。

③ 用于正式施工的非传统水应采用科学合理的方法进行水质检测，并保留检测报告。

条文解析：对工程用水（包括混凝土、砂浆搅拌用水，混凝土养护用水等）水质是有严格要求的，当使用非传统水用于正式施工时，应进行第三方水质检测，检测结果应符合相关标准规范要求，进行检测的第三方应具有相应的检测资质。

专家主要核查：用于正式施工的非传统水水质检测报告及提供报告的第三方检测机构资质证明文件。

④ 应建立非传统水利用台账，对非传统水源利用情况进行全面、真实地统计，标明用途。应对利用效果对比分析（图表分析），形成报告，并据此优化水资源利用措施。

条文解析：本条要求建立非传统水利用台账，台账应与“施工现场非传统水收集系统布置图”相结合，每一个再利用点都应进行用水统计，并标明该处非传统水使用用途。通过定期采用图表进行对比分析，及时发现问题，并根据问题制定针对性优化措施，最终实现节水目标。

专家主要核查：与工程非传统水利用台账对应的图表分析资料及非传统水利用相关优化措施。

⑤ 针对量化指标所采取的技术、措施及优化方案对指标完成效果的影响等，应进行对比分析并形成报告。

条文解析：本条是对绿色施工总结的细化要求。要求对工程非传统水利用情况进行统计，并与设定的非传统水利用目标及时进行对比，对比可采用表格或图形，对照分析结果不断优化非传统水利用措施，并进行总结，形成相关报告。注：该报告可是绿色施工总结报告的组成部分也可独立成篇。

专家主要核查：非传统水利用情况总结报告。

Ⅶ 节地与施工用地保护

节地控制

① 应针对工程特点和地域特点，制定科学合理的节地控制目标；控制目标指标符合本指标量化值要求。

条文解析：节地的控制量化考核指标是临建设施占地面积有效利用率大于90%。

专家主要核查：节地控制指标是否满足要求。

② 施工用地应有审批手续，红线外临时用地办理相关手续。

条文解析：施工应严格控制在经审批的红线内进行，当却因施工需要而在红线外临时借地时，应按相关政策办理合法手续。

专家主要核查：施工用地审批手续；红线外临时用地手续并现场查看。

③ 应通过设计深化、施工方案优化、技术应用与创新等手段制定科学合理的节地与土地资源保护措施。施工总平布置应分阶段策划，充分利用原有建（构）筑物、道路、管线，材料堆放时应考虑减少二次搬运；办公生活区分开布置；临建设施采用环保可周转材料；临建设施占地在满足施工需要后应尽量增加绿化面积。并应优先选用《绿色施工技术推广目录》的技术，提高用地效率。

条文解析：对土地资源的最好的保护是尽可能不去扰动它，本条要求尽可能细地对施工现场临时用地进行规划设计，至少应分地基与基础、主体结构、装饰装修与机电安装三个阶段动态布置施工现场；在现场实现施工道路、临时设施和绿化等的永临结合；材料的堆放和运输经科学策划，尽可能减少二次搬运以及使临建设施环保可周转等。施工中应在保证安全和质量的前提下基于节地和保护用地的目的不断优化设计和施工组织设计，积极采用相关措施并记录相关数据；施工后应加强总结。对节地和土地保护措施的选用应优先选用《绿色施工技术推广目录》中的技术。

专家主要核查：工程“双优化”情况，节地与施工用地保护策划方案及过程控制，节地效果等。

④ 应进行基坑开挖及支护方案优化，最大限度地减少对原状土的扰动；尽量采用原土回填，符合生态环境要求；施工降水期间，对基坑内外的地下水、构筑物实施有效地监测，有相应的保护措施和预案。

条文解析：基坑开挖及支护方案应进行节地优化，减小开挖坡度，减少土地扰动；施工过程中应采取水土保护措施，如原土回填、基坑监测等，保护施工用地。

专家主要核查：基坑开挖和支护优化方案；施工过程中针对水土保护采取的相应措施及其效果等。

⑤ 施工总平面布置图应分阶段绘制。临建设施与绿化面积应按不同施工阶段分别统计计算，测量及记录方法科学合理、数据真实，结果应用于持续改进。

条文解析：施工用地保护的原则是：A. 尽可能少扰动；B. 施工后尽快恢复。本条要求根据施工阶段的不同施工特性分别布置施工现场，按每一个施工阶段最经济合理的方案进行现场临时设施的布置。当一个阶段施工结束后，马上恢复其破坏的施工用地并按下一个阶段的特性调整布置施工现场。

对每一次施工现场的布置，其临建设施和绿化面积均应计算统计。

专家主要核查：分阶段施工总平面布置图及对应的临建设施和绿化面积计算统计表。

⑥ 针对量化指标所采取的技术、措施及优化方案对指标完成效果的影响等，进行对比分析并形成报告。

条文解析：本条是对绿色施工总结的细化要求。要求对工程节地及施工用地保护情况进行统计，并与设定的节地目标及时进行对比，对比可采用表格或图形，对照分析结果不断优化节地及施工用地保护措施，并进行总结，形成相关报告。注：该报告可是绿色施工总结报告的组成部分也可独立成篇。

专家主要核查：节地与施工用地保护情况总结报告。

Ⅷ 人力资源节约与职业健康安全

1. 人力资源节约

① 应针对工程特点，制定科学合理的人力资源节约目标；控制目标指标符合本指标量化值要求。

条文解析：人力资源节约量化考核指标是总用工量节约率不低于定额用工量的3%。

专家主要核查：人力资源节约指标是否满足要求。

② 应通过深化设计、施工方案优化、技术应用与创新等措施，提高施工效率，实现人力资源节约。

条文解析：绿色施工应以人为本，在结合工程环境和实际情况下，通过技术进步和工艺改良，降低劳动强度，改善作业环境，提高劳动生产率。施工中应在保证安全和质量的前提下基于人力资源节约的目的不断优化设计和施工组织设计，积极采用相关措施并记录相关数据；施工后应加强总结。

专家主要核查：工程“双优化”情况，人力资源节约策划方案及过程控制，节约效果等。

③ 人力资源节约量应按阶段、分工种、分阶段统计汇总，数据真实，并进行科学合理的对比分析，结果应用于持续改进。

条文解析：每一个施工阶段因为其施工内容和作业性质不同，用工要求和数量也是不一样的。本条要求在施工过程中分阶段、分工种进行人力资源统计，同时对工程人力资源投入情况建立台账并定期采用图表进行对比分析，能及时发现问题，并根据问题制定针对性优化措施，持续改进。

专家主要核查：与工程人力资源投入情况台账对应的图表分析资料及人力资源节约相关优化措施。

④ 针对量化指标所采取的优化方案、技术应用以及指标完成效果等，应进行对比分析并形成报告。

条文解析：本条是对绿色施工总结的细化要求。要求对工程人力资源节约情况进行统计，并与设定的目标及时进行对比，对比可采用表格或图形，对照分析结果不断优化人力资源节约措施，并进行总结，形成相关报告。注：该报告可是绿色施工总结报告的组成部分也可独立成篇。

专家主要核查：人力资源节约情况总结报告。

2. 职业健康安全

① 现场应进行重大风险源识别并公示，风险源识别应全面。

条文解析：重大危险源是指长期地或临时地生产、加工、搬运、使用或储存危险物质，且危险物质的数量等于或超过临界量的单元。施工单位应结合自身的职业健康管理手册，对现场涉及的重大危险源进行充分识别并在醒目位置公示。

专家主要核查：重大危险源识别是否全面并现场查看是否进行公示。

② 针对重大风险源，应制定相关制度措施，保障施工人员的长期职业健康。施工现场应设医务室，建立卫生急救、保健防疫制度。从事有毒、有害、有刺激性气味和强光、强噪声施工的人员佩戴与其相应的防护器具；超过一定规模危险性较大的分部分项工程应进行专家论证；应有针对风险源的应急预案及演练记录、食堂卫生许可证，炊事员有效健康证明、突发疾病、疫情的应急预案、安全标识。

条文解析：本条是针对现场重大风险源采取的一系列管理和技术措施。

专家主要核查：结合工程实际核查职业健康相关措施是否全面科学、合理有效；查阅相关管理制度、超过一定规模危险性较大分部分项工程专家论证记录等并现场查看有关设施。

③ 应通过技术进步改善工程施工环境及保障施工人员健康安全。

条文解析：绿色施工应以人为本，在结合工程环境和实际情况下，通过技术进步和工艺改良，降低劳动强度，改善作业环境，保障施工人员健康安全。在互联网、大数据时代下，可基于物联网、云计算、移动通信等技术，采取智能安全帽、VR 安全体验、智慧工地 APP 等，降低施工人员作业风险。

专家主要核查：与改善工程施工环境及保障施工人员健康安全相关的先进技术和自主创新技术应用情况。

④ 针对量化指标所采取的技术、措施及优化方案对指标完成效果的影响等，应进行对比分析并形成报告。

条文解析：本条是对绿色施工总结的细化要求。要求对工程职业健康安全情况进行统计，并与设定的目标及时进行对比，对比可采用表格或图形的形式，对照分析结果不断优化职业健康安全措施，并进行总结，形成相关报告。注：该报告可是绿色施工总结报告的组成部分也可独立成篇。

专家主要核查：职业健康安全情况总结报告。

Ⅸ 绿色施工科技示范工程的社会、环境与经济效益

1. 社会效益

（1）质量应达到合格；

（2）应无重伤及以上安全事故；

（3）应无重大环境因素投诉；

（4）工期应满足合同要求；

（5）应开展现场观摩会等活动起到绿色施工科技示范作用。

① 每一项内容应提供真实有效的证明材料，材料应由监理单位盖章。

条文解析：本条考核绿色施工的社会效益，质量合格、没有发生重大安全、环保事故和工期满足合同要求是绿色施工的基本要求，而积极开展现场观摩推荐活动是绿色施工科技示范工程辐射带动作用最直接的表达方式。

质量合格可提供各阶段验收证明或单位工程竣工验收证明复印件并加盖监理单位公章；无事故证明可由施工单位或监理单位出具并加盖监理单位公章；工期满足合同要求应提供相关合同、工程开竣工日期证明等材料并加盖监理单位公章；现场观摩等活动应提供

活动策划文件、相关通知、现场照片或媒体报道情况、活动总结等证明材料并加盖监理单位公章。

专家主要核查：以上五项内容加盖监理单位公章的证明材料。

② 对延期项目，应提供合规的延期证明材料。

条文解析：如已在申请办理延期的项目，应提供就延期原因由建设方、施工方或行政主管部门出具加盖公章的有效证明材料。

专家主要核查：延期项目提供有效证明材料。

2. 环境效益

项目的 CO_2 排放量。

（1）施工过程的 CO_2 排放量；

（2）材料运输过程的 CO_2 排放量；

（3）对运输及施工过程中所采取的技术、措施及优化方案对项目的 CO_2 排放量的影响，应进行对比分析并形成报告。

条文解析：绿色施工的环境效益通过项目的 CO_2 排放量体现。CO_2 排放量是指在生产、运输、使用及回收某产品时所产生的平均温室气体排放量。绿色建筑要求对建筑全寿命周期 CO_2 排放量进行统计计算，而绿色施工作为绿色建筑全寿命周期中重要一环，也被要求进行 CO_2 排放量的统计。施工项目 CO_2 排放量统计可按照“指标及指南”第四章“7 环境效益项目的 CO_2 排放量”提供的计算公式进行计算：

$$C（碳排放量）=\sum C1+\sum C2$$

式中：C1（材料运输过程的 CO_2 排放量）＝碳排放系数×单位重量运输单位距离的能源消耗×运距×运输量；

C2（建筑施工过程的 CO_2 排放量）＝碳排放因子×［$\sum C2_1$（施工机械能耗）＋$\sum C2_2$（施工设备能耗）＋$\sum C2_3$（施工照明能耗）＋$\sum C2_4$（办公区能耗）＋$\sum C2_3$（生活区能耗）］；

（注：①对于建筑材料碳排放核算，将施工过程中所消耗的所有建筑材料按重量从大到小排序，累计重量占所有建材重量的90％以上的建筑材料都作为核算项；

② 施工过程的能耗全部作为核算项，但须按地基基础、主体结构施工、装饰装修与机电安装三个阶段，并分成施工机械、施工设备、施工照明、办公用电、生活用电分别进行统计；

③ 物料运输碳排放计算，以《全国统一施工机械台班费用定额》中给定的水平运输机械消耗定额为基础，将运输量与机械台班的产量消耗定额相乘得到能源消耗，然后与各能源碳排放因子相乘；

④ 各种能源的碳排放因子采用政府间气候变化专门委员会（IPCC）给出的能源碳排放因子；

⑤ 材料运距指材料采购地距离。）

施工中应按上述计算公式定期计算项目的 CO_2 排放量，并结合工程实际情况不断优化材料运输和施工用能方案，降低 CO_2 排放，所有计算及优化工程均应及时总结并形成报告。

专家主要核查：施工项目 CO_2 排放量的统计分析报告。

3. 经济效益

① 实施绿色施工产生经济效益

计算公式应科学合理，数据真实有效，依据充分，并应经财务部门验证。

条文解析：本条要求按“环境保护、节材、节能、节水、节地、节人工、职业健康”分别对“成本投入增加费用”、“与传统相比节约费用”进行统计计算，从而计算出实施绿色施工与传统相比产生的经济效益。

需要注意的是这里所指的“成本投入增加费用”、“与传统相比节约费用”是因实施绿色施工管理而特别增加和节约的费用，有些费用虽与绿色施工有关，但不实施绿色施工管理也需要发生，则不应该统计进来。

要求所有数据都有对应的统计表格和计算文件，且经财务部门验证（有相关部门的签章）。

专家主要核查：绿色施工经济效益计算文件及作为计算支撑的统计表格等；审查计算的真实性、合理性并核查计算文件是否经财务部门验证。

② 设计深化、方案优化、新技术应用产生经济效益。

条文解析：施工过程中通过“双优化”进行的节能、节水、节地、节材、提高劳动效率、改善作业环境等最终均要以经济效益体现。本条要求针对每一项先进技术和自主创新技术的应用、每一次设计和施工组织设计的优化进行优化前后的对比分析，计算出技术应用或优化带来的经济节约费用。

要求所有数据都有对应的统计表格和计算文件。

专家主要核查：技术应用或优化产生的经济效益计算文件及作为计算支撑的统计表格等；审查计算的真实性、合理性。

4.4 《绿色施工科技示范实施方案及推广计划》编制要求

对应《指标及指南》中《绿色施工科技示范实施方案及推广计划》编制要求。

【编制框架】第一章　工程概况及实施条件分析

【编制要求】包含内容：工程基本信息、工程承包合同关于绿色施工的要求和条件、编制依据（绿色标准规范和地方法规要求）、设计特点、环境和气候条件、绿色施工资源情况、现场有利条件和不利条件分析。

【编制框架】第二章　主要考核指标及主要示范内容

【编制要求】①遵循【表 1：量化考核值】，结合工程所在地域特点和工程自身特点所设定的，并且在实施中必须要达到的目标，也是验收的重要依据之一。量化考核值必须用具体、明确的数值表达。

② 主要示范内容针对项目特点和难点而制定。是本项目作为科技示范，具有辐射带动作用、可进行推广的技术、措施或指标。

【编制框架】第三章　工作部署

【编制要求】遵循【表 2：“绿施科技示范”管理】，第一，制定科技示范实施、研究及推广应用的管理体系、制度和方法；第二，资金投入计划（见本推广计划附件 2）、检测和监测方法、数据统计方法、分析和自评价方法、推广计划、施工项目 CO_2 排放量的统计分析方法、影响“四节一环保”量化指标的新技术新工艺立项报告等；第三、管理和研究计划时间表；第五、环境安全与职业健康工作部署；第五、“双优化”策划；第六、绿色施工技术应用计划及拟进行的技术攻关内容及形成自主创新技术的计划。重点是施工现场扬尘、噪声和固体废弃物等污染物的排放源、定量数据、影响及控制技术研究计划和推动施工现场材料、水、电等资源节约与高效利用，以及建筑垃圾减量化技术研究计划。

【编制框架】第四章　环境保护方案

【编制要求】遵循【表4：环境保护】，提出技术指标目标值；提出拟实施《绿色施工技术推广目录》（附件10）中的技术和其他应用技术；结合工程特点和现场条件拟定完成相关考核指标的措施、方法和技术。重点拟定施工现场扬尘、噪声和固体废弃物等污染物的排放源控制技术、措施以及建筑垃圾减量化、无害化及资源化利用技术及措施。

【编制框架】第五章　节材与材料资源利用方案

【编制要求】遵循【表5：节材与材料资源利用】，提出技术指标目标值；提出拟实施《绿色施工技术推广目录》（附件10）中的技术和其他应用技术；结合工程特点和现场条件拟定完成相关考核指标的措施、方法和技术。重点拟定推动施工现场材料资源节约与高效利用，以及建筑垃圾无害化及资源化利用技术研究计划。

【编制框架】第六章　节水与水资源利用方案

【编制要求】遵循【表6：节水与水资源利用】，提出技术指标目标值；提出拟实施《绿色施工技术推广目录》（附件10）中的技术和其他应用技术；结合工程特点和现场条件拟定完成相关考核指标的措施、方法和技术。重点拟定推动施工现场水资源节约与高效利用技术研究计划。

【编制框架】第七章　节能与能源利用方案

【编制要求】遵循【表7：节能与能源利用】，提出技术指标目标值；提出拟实施《绿色施工技术推广目录》（附件10）中的技术和其他应用技术；结合工程特点和现场条件拟定完成相关考核指标的措施、方法和技术。重点拟定推动施工现场能源节约与高效利用技术研究计划。

【编制框架】第八章　节地与施工用地保护方案

【编制要求】遵循【表8：节地与施工用地保护】，提出技术指标目标值；提出拟实施《绿色施工技术推广目录》（附件10）中的技术和其他应用技术；结合工程特点和现场条件拟定完成相关考核指标的措施、方法和技术。

【编制框架】第九章　人力资源节约与职业健康安全

【编制要求】遵循【表9：人力资源节约与职业健康安全】，提出技术指标目标值；提出拟实施《绿色施工技术推广目录》（附件10）中的技术和其他应用技术；结合工程特点和现场条件拟定完成相关考核指标的措施、方法和技术，推动工程施工环境改善及施工人员健康安全保障的技术进步。

【编制框架】第十章　项目技术成果推广计划

【编制要求】推广的组织、推广的范围、推广的形式、预期效果。

附件1　住房和城乡建设部科学技术计划项目管理办法

关于印发《住房和城乡建设部科学技术计划项目管理办法》的通知

建科〔2009〕290号

各省、自治区住房和城乡建设厅，直辖市建委及有关部门，新疆生产建设兵团建设局，部直属单位，部管有关社团，国资委管理的有关企业：

为规范和加强住房城乡建设部科学技术计划项目的管理，我部制定了《住房和城乡建设部科学技术计划项目管理办法》，现印发你们，请认真做好科技计划项目的管理工作。

管理办法中涉及的科技项目申报书、验收申请表、验收证书、科技成果登记表请从住房城乡建设部网站下载（网址：http：//www.mohurd.gov.cn）。

中华人民共和国住房和城乡建设部

二〇〇九年十二月二十二日

住房和城乡建设部科学技术计划项目管理办法

第一章　总　则

第一条　为规范和加强住房城乡建设部科学技术计划项目（以下简称“科技项目”）的管理，根据《中华人民共和国科学技术进步法》和国家科技管理有关规定，以及《建设领域推广应用新技术管理规定》，制定本办法。

第二条　本办法适用于科技项目的申报、审批、组织实施和验收管理。

第三条　科技项目包括软科学研究、科研开发、科技示范工程和国际科技合作等。住房城乡建设部科学技术计划每年编制一次。

第四条　住房城乡建设部建筑节能与科技司负责统一归口管理科技项目。

第二章　申　报

第五条　申报的科技项目应符合住房城乡建设科技发展重点技术领域，创新性强，技术水平达到国内领先或更高，且具有较强的推广和应用价值，对促进产业结构调整和优化升级有积极作用。

第六条　软科学研究优先支持与住房城乡建设领域技术政策、产业政策、发展战略与规划等重大问题密切相关，为管理决策提供科学依据的战略性、前瞻性、政策性科技项目。

第七条　科研开发优先支持解决行业共性关键问题，形成新型技术体系，促进产品设备技术升级，对整体技术进步有较大的带动作用，并具有一定的前期研究开发基础，有较好的推广应用前景和显著的经济、社会、环境效益的科技项目。

第八条　科技示范工程优先支持选用住房城乡建设重点推广技术领域和技术公告中推广技术的工程项目；各省级住房城乡建设主管部门及相关部门确定的示范工程项目。

第九条　科技示范工程选用的技术应优于现行的技术标准，或满足现行技术标准但采用的技术具有国内领先水平；选用的技术与产品应通过有关部门的论证并符合国家或行业标准，没有国家或行业标准的技术与产品，应由具有相应资质的检测机构出具检测报告，并通过省级以上有关部门组织的专家审定。

第十条 科技示范工程实行属地化管理，由工程所在地省级住房城乡建设行政主管部门组织推荐。

第十一条 申报单位应是在国内注册的独立法人，且具有较强的研究开发实力和组织协调能力。

第十二条 鼓励实行以企业为主体、产学研相结合，跨地区跨行业的方式；以开展国际科技合作，拓展合作领域、创新合作等方式联合申报。

第十三条 多个单位联合申报科技项目时，应事先以文字形式约定各方对科技成果所拥有的权利和义务。

第十四条 国际科技合作项目要有与国外合作机构的合作协议，且协议双方应为独立法人。申报国际科技合作的项目，不再单独申报软科学研究、科研开发、科技示范工程等项目。

第十五条 申报单位按照住房城乡建设部发布的申报科技项目的通知及申报要求，客观准确地填写相应的申报书中的目标、研究（示范）内容、考核指标等，连同相关的申报材料一并提交有关管理部门。

第十六条 科技示范工程项目一般应由建设或开发单位申报，或由建设、开发、施工总承包、施工、设计、示范技术的技术依托单位等联合申报；也可经建设或开发单位同意后，由设计、施工总承包单位等联合或其中一家单位申报。

第十七条 科技示范工程项目的申报单位，应先履行工程建设立项审批程序，具备工程建设条件后再申请科技示范项目。

第十八条 科技项目所需的研究和示范经费以自筹为主。

第十九条 省级住房城乡建设主管部门及相关部门负责组织本地区申报的科技项目的审查和推荐工作。住房城乡建设部直属事业单位、部管行业学（协）会和国务院国有资产监督管理委员会（以下简称“国资委”）管理的有关企业可直接申报。

第三章 审 批

第二十条 住房城乡建设部建筑节能与科技司组织专家成立专家组按申报的科技项目类型，分专业进行评审。专家组的专家从住房城乡建设部专家委员会中遴选。

第二十一条 每一类专业的科技项目评审专家组由 5 名以上专家组成。参加评审的专家应具有高级专业技术职称，且掌握本专业技术发展现状和趋势。

第二十二条 科技项目的评审，通过评审专家审阅申报材料的方式作出评审结论，必要时，可由申报单位或有关管理人员到评审现场申述或答辩，向评审专家说明情况。

第二十三条 科技项目的专家评审采取实名制。参加评审的专家按照评审工作要求，认真审阅申报材料，作出客观公正的评价，独立填写评审表格，并表明是否同意通过评审的结论性意见。

第二十四条 参加评审的专家和相关工作人员应遵守评审工作纪律，不得收受申报单位等赠送的礼品和礼金。

第二十五条 参加评审的专家及工作人员应对评审结果保密，科技项目在住房城乡建设部公布之前，不得向申报单位及有关方面透露评审结果。

第二十六条　住房城乡建设部建筑节能与科技司对通过评审的科技项目申报书盖章后，送省级住房城乡建设主管部门及有关部门和承担单位存档，并作为科技项目的实施、管理和验收考核依据。

第四章　管　理

第二十七条　住房城乡建设部建筑节能与科技司负责组织科技项目执行情况的监督检查。

第二十八条　省级住房城乡建设主管部门、部直属事业单位、部管行业学（协）会和国资委管理的有关企业负责对本地区、本单位的科技项目进行日常管理，督促检查执行情况，协调、解决实施中的问题。

第二十九条　根据工作需要，住房城乡建设部委托相关机构负责有关类别项目的日常联系和实施监督工作。受委托的机构按照要求每年年底前总结科技项目当年的执行情况，提交年度报告，分析存在的问题并提出建议。

第三十条　科技项目承担单位要按照印发的住房城乡建设部科学技术计划和科技项目申报书的内容和要求，按计划进度认真组织实施。实施过程中，因特殊情况需调整计划的，应及时提出申请，明确调整的内容和时间，逐级上报批准后，按调整后的计划进度实施。

第三十一条　科技项目执行过程中，出现下列情况之一予以撤销：

（一）实践证明所选技术路线不合理，研究内容失去实用价值，在实施过程中发现为低水平重复的；

（二）依托的工程建设、技术改造、技术引进和国外合作项目未能落实的；

（三）骨干技术人员发生重大变化，致使技术研究开发、技术示范无法进行的；

（四）组织管理不力致使研究示范无法进行的；

（五）发生重大质量安全事故或严重污染环境的；

（六）未按有关管理规定执行的。

第五章　验　收

第三十二条　科技项目应在规定的研究期限结束后 3 个月内，由第一承担单位提交书面验收申请，由住房城乡建设部建筑节能与科技司组织验收。

第三十三条　申请验收应提交验收申请书、研究报告、科技成果登记表等相关验收文件，经所在省级住房城乡建设主管部门、受委托的机构初审后报住房城乡建设部建筑节能与科技司。住房城乡建设部直属事业单位、部管行业学（协）会和国资委管理的有关企业可直接将申请验收材料报送住房城乡建设部建筑节能与科技司。

第三十四条　科技示范工程项目应在通过工程竣工验收后申请科技示范工程项目验收。

第三十五条　住房城乡建设部建筑节能与科技司对申请验收材料进行形式审查，通过审查的将组织专家或委托省级住房城乡建设主管部门及相应的受委托的机构组织验收。

第三十六条　验收分为会议评审和函审两种形式。验收委员会一般由 7～13 名专家组成，验收专家应具有较高的理论水平和较为丰富的实践经验，且具备高级以上技术职称。

第三十七条　验收依据为住房城乡建设部科学技术计划和经盖章确认的申报书，以及执行期间下达的有关文件。

第三十八条 验收结论分为通过验收和不通过验收。凡有下列情况之一的，不予通过验收：

（一）未完成目标任务的；

（二）提供的验收文件、资料、数据不真实，弄虚作假的；

（三）未经申请或批准，承担单位、负责人、考核目标、研究内容、技术路线等发生重大变更的；

（四）剽窃、抄袭他人科技成果，违反科技活动道德或有知识产权争议的。

第三十九条 验收通过的科技项目，颁发验收证书。第一承担单位应在一个月内办理验收证书，并按照国家科技成果管理规定填写《科技成果登记表》。

第四十条 未通过验收的科技项目应及时进行整改，整改后仍不能满足验收要求的取消科技项目资格。

第四十一条 如因特殊原因不能如期验收的科技项目，承担单位应在规定的研究期限期满前一个月内以书面形式提出延期验收的申请，并经所在省级住房城乡建设主管部门审核后报住房城乡建设部建筑节能与科技司，经批准后按调整后的时间办理验收手续。

第四十二条 逾期一年以上未提出验收申请，并未对延期说明理由的，取消科技项目资格，且承担单位三年内不得申报科技项目。

第四十三条 未经验收和验收不合格的科技项目，承担单位不得以科技项目的名义进行与事实不符的宣传。

第六章 附 则

第四十四条 涉及国家秘密的科技成果，有关单位和人员要遵照《中华人民共和国保守国家秘密法》《科学技术保密规定》及相关法规的规定，切实做好保密工作。

第四十五条 住房城乡建设部建筑节能与科技司可依据本办法制定管理细则。

第四十六条 本办法由住房城乡建设部建筑节能与科技司负责解释。

第四十七条 本办法自发布之日起施行。

附件 2

项目编号：

住房和城乡建设部科技示范项目

申　报　书

项　目　名　称＿＿＿＿＿＿＿＿＿＿＿＿＿＿＿＿

申报单位（盖章）＿＿＿＿＿＿＿＿＿＿＿＿＿＿＿＿

推　荐　单　位＿＿＿＿＿＿＿＿＿＿＿＿＿＿＿＿

项目起止时间＿＿＿＿＿＿＿＿＿＿＿＿＿＿＿＿

住房和城乡建设部标准定额司

二〇一九年五月制

一、申报单位概况

二、申报单位相关工作基础

三、项目概况

四、项目目标和预期成果（重点描述标志性成果）

五、项目主要实施内容（包括项目示范内容、拟解决的关键问题和难点分析、示范技术（模式）的先进性和创新性，项目考核指标及考核方式）

六、技术路线和计划进度（包括项目实施技术路线、分阶段目标和工作计划、成果转化和服务推广计划）

七、实施效果分析（1. 项目实施对推动住房和城乡建设领域科技进步的作用；2. 社会、经济和环境效益分析；3. 项目示范意义及推广价值、推广可行性、推广范围）

八、保障措施（包括项目组织方式、各参与方的责任分工、项目责任人与项目团队实力、资金概算及筹措方案和风险控制措施）

九、主要研究人员

姓名	性别	出生年月	职务职称	所学专业	现从事专业	所在单位	在本项目中承担的任务

十、项目研究单位及合作单位（未加盖公章的单位不予认可）

序号	单位（公章）	联系人	联系电话	通讯地址、邮编

十一、审查意见

<table>
<tr><td colspan="2">申报单位申报意见</td><td>负责人签字________（公章）

____年____月____日</td></tr>
<tr><td>直辖市建委及有关部门</td><td>省、自治区建设厅，</td><td rowspan="2">领导签字________（公章）

____年____月____日</td></tr>
<tr><td colspan="2">推荐意见</td></tr>
<tr><td colspan="2">住房和城乡建设部标准定额司审查意见</td><td>领导签字________（公章）

____年____月____日</td></tr>
</table>

信息表

项目名称：

一、申报单位：

通讯地址：

负 责 人：　　　　电话（手机）：

联 系 人：　　　　电话（手机）：

邮编：　　　　　　电话（办公）：

传真：

电子信箱：

二、合作单位：

通讯地址：

联 系 人：　　　　电话：

传真：　　　　　　邮编：

电子信箱：

三、推荐部门：

通讯地址：

联 系 人：　　　　电话：

传真：　　　　　　邮编：

电子信箱：

申报书填报说明

一、项目包括软科学研究、科研开发、科技示范工程、国际科技合作、重大科技攻关与能力建设5类。申报单位申报的项目应属于住房和城乡建设领域重点工作和申报范围，并具有相应工作基础。

二、申报单位应在中国大陆境内注册，具有独立法人资格。申报单位对拟申报的项目需拥有自主知识产权，对申报材料的真实性负责。

三、项目负责人在项目执行期内应为在职人员，并能保证精力和时间投入。

四、推荐单位包括各省、自治区住房和城乡建设厅、直辖市住房和城乡建设（管）委及有关部门、新疆生产建设兵团住房和城乡建设局、国资委管理的有关企业、住房和城乡建设部有关司局和直属单位。推荐单位在本部门（单位）职能和业务范围内组织推荐。

五、申报单位在线填报申报书，内容应实事求是，表述明确，不含涉密内容。申报科技示范工程、重大科技攻关与能力建设类项目还应编写项目实施方案（格式附后）。

六、绿色施工科技示范工程申报应满足如下要求：

（一）申报条件

(1) 住房和城乡建设部绿色施工科技示范工程（以下简称“绿施示范工程”）是指绿色施工过程中应用和创新先进适用技术，在资源节约、环境保护、减少建筑垃圾排放、提高职业健康和安全水平等方面取得显著社会、环境与经济效益，并具有辐射带动作用的建设工程项目。

(2) 申报“绿施示范工程”的项目应合法、合规。并应是具有一定规模的拟建或在建项目，工程规模应符合以下要求：

①公共建筑一般应在 3 万 m^2 以上。

②住宅建筑：住宅建筑必须为装配式、全装修建筑。且：住宅小区或住宅小区组团一般应在 5 万 m^2 以上；单体住宅一般应在 2 万 m^2 以上。

③应用重大、先导、高新技术的建筑可不受规模限制。

（二）申报注意事项

凡经批准列入住房和城乡建设部科技创新计划项目的“绿施示范工程”，应根据工程进展情况（一般应该主体完成之前）申请并接受中期检查指导。申报单位根据中期检查现场考评意见和专家现场指导意见，改进相关工作，修改完善有关资料，为项目验收做好准备。

（三）申报书填写说明

1. 项目“起止时间”应按照“年/月/日”的顺序填写，例如“2018.06.05-2019.12.12”。其中的完成时间是指“绿施示范工程”项目验收时间，而非项目竣工日期。

2. “项目概况”应包括：项目地点、开竣工时间、主题完成时间、结构类型、功能用途、总占地面积、总建筑面积、建筑高度、最大基坑深度、投资规模；工程在资源节约、环境保护、减少建筑垃圾排放和提高职业健康与安全水平方面的难点。

3. “项目目标和预期成果”应描述主要示范技术及对节能、减排、降耗、减少环境污染、提高职业健康和安全水平的作用。

（四）“项目主要实施内容”应包括：

(1) 项目主要示范内容、拟解决的关键问题和难点分析：包括解决本项目减排、降耗、环保和提高职业健康与安全水平等难点、并可在一定范围内推广应用的先进的管理措施、创新技术、方案和设计优化等；

(2) 项目的考核指标：是指依据“住房城乡建设部绿色施工科技示范工程技术指标及实施与评价指南”，结合工程所在地域特点和工程本身特点所制定的量化考核指标；

(3) 绿色施工科技示范组织管理和实施管理；

(4) 绿色施工的技术创新点及先进性描述。

（五）“技术路线和计划进度”应包括：

(1) 量化考核指标按阶段、按部位进行的分解；

(2) 每项主要示范内容完成时间；

(3) 为完成考核指标所采取的主要措施；

(4) 主要机械设备详表、绿色施工购置清单、施工总平面图布置、资金投入和工作人员投入详表；

(5) 成果转化和服务推广计划。

七、申报单位网上提交的申报材料经推荐单位审核通过后，统一用 A4 纸打印，左侧装订成册，1 式 2 份送推荐单位盖章。

八、推荐单位汇总本地区（单位）的申报项目材料，将推荐函和推荐项目清单、各项目申报材料（1 式 1 份）寄送住房和城乡建设部标准定额司。未通过推荐单位上报的申请书，不予受理。

九、联系电话：

（一）软科学研究类项目

科研开发处　电话：010-58934022

（二）科研开发类项目

1. 应用基础研究项目、技术创新项目（居住建筑品质提升技术，传统建筑保护技术，城市空间集约利用技术，城市韧性增强技术、抗震防灾技术，新型建材开发与应用，新型施工技术和装备，城镇减排与环境治理技术，现代信息技术行业应用等方向）

科研开发处　电话：010-58934022

2. 技术创新项目（绿色建筑技术与建筑节能技术、绿色小区建设技术等方向）

建筑节能处　电话：010-58934548

3. 技术创新项目（新型装配式建筑技术方向）

装配式建筑与墙材革新处电话：010-58934561

（三）国际科技合作项目

国际科技合作处　电话：010-58933914

（四）科技示范工程项目

1. 机制创新示范项目、城镇功能提升示范项目、绿色技术创新综合示范（绿色施工科技示范工程、资源节约循环利用科技示范项目、城镇黑臭水体治理科技示范工程、环境卫生科技示范工程）、现代信息技术融合应用示范项目

科研开发处　电话：010-58934022

2. 绿色技术创新综合示范（绿色城市、绿色社区、绿色建筑科技示范项目、建筑节能及可再生能源科技示范项目）

建筑节能处　电话：010-58934548

3. 绿色技术创新综合示范（装配式建筑科技示范工程）装配式建筑与墙材革新处电话：010-58934561

（五）重大科技攻关与能力建设类项目

科研开发处　电话：010-58934022

（六）申报系统技术支持单位

住房和城乡建设部信息中心电话：010-58934415

十、寄送地址：北京市海淀区三里河路 9 号，邮政编码：100835。

联系电话：010-58934022 姚秋实

附件3　住房和城乡建设部绿色施工科技示范工程中期报告

住房和城乡建设部绿色施工科技示范工程

中期报告

项目名称：（与申报名称一致）

承担单位：（与申报名称一致）

编写日期：

报告的整体要求：

1）严格按照规定的模版要求，目录及对应页码完善。

2）内容充分、数据翔实、图文并茂、科学严谨，能如实全面反应项目的绿色科技示范过程实施情况。

3）本模版仅做内容规定，对于字体、段落、封面、页面设置等细化格式均不做要求，由项目自行设计。

目 录

第一部分 项目概况

本部分要求：

1. 重要内容与申报书一致。包括工程地点、占地面积、建筑面积情况；结构与基础类型、功能用途、开竣工时间；最大高度、基坑深度；工程总投资等。

2. 重点描述工程地点、地理情况、地质情况等内容。

工程地点：要对周边情况进行描述（如临近地铁、居民区、闹市区、医院、学校、地下管线复杂、上空临近高压线、邻河……等）；

地理情况：如平原（高原）、雨水、气温、地下水情况等；

地质情况：如地基、土质等。

项目现阶段进度情况。

第二部分 影响绿色施工成效的要素

本部分为工程的难点（节能、减排、降耗、环境保护的难点），也是研究的背景和目的。

必须深入分析、描述每个工程难点对于完成减排降耗等考核指标的影响。如：位置显著，对环保要求；或地域特点造成的难点，如地区首次采用的技术或材料、地域环境及生产条件的限制等。

第三部分 项目的目标及技术路线

1. 此部分即主要示范内容（研究内容）、主要成果、考核指标、技术路线。

2. 主要示范内容、主要成果、考核指标要参照申报书，并与其保持一致。

3. 技术路线为研究的方法、步骤等。至少包含：

(1) 按阶段、按部位对量化考核指标进行的分解；

(2) 每项研究内容（在之前所确定的）所采取的研究方法（如：调研一设备对比选型一试验一应用一总结）完成时间或阶段；

(3) 针对考核指标的完成计划采取的主要措施；

(4) 主要机械设备详表、绿色施工购置清单、施工总平面图布置、资金投入和工作人员投入详表；

(5) 数据的统计和分析方法；

(6) 成果转化和服务推广计划。

第四部分 组织架构与制度

本部分要求：

1. 此部分为科技示范工程的架构和制度。要包含科技研发、技术推广的体系和制度，必须制定技术研发、技术应用、技术推广的制度。

2. 项目经理为第一责任人，开展绿色施工工作。

3. 绿色施工科技示范工程组织机构设置（是科技计划项目的组织机构，非绿色施工组织机构）（集团一公司一项目（业主、设计、监理、分包））三级管理。

4. 职责分配准确、齐全。

5. 科技示范工程但是必须体现 PDCA 循环的理念：

（1）有计划人，确定方针和目标，以及制定工作规划；

（2）有执行责任人，根据工程情况和人财物条件，设计具体的施工方法、方案；再根据方案进行具体运作，实现计划中的内容；

（3）要有检查评价，总结执行计划的结果，分析哪些对了，哪些错了，明确效果，找出问题；

（4）对总结检查的结果进行处理，对成功的经验加以肯定，并予以标准化，达到推广；对不足加以改进。

第五部分　研究成果

本部分为主要示范技术、主要措施、本项目形成的工法、专利、奖项、论文、各种技术成果。

（由于处于项目中期阶段，项目正在实施过程中，某些尚未实施的技术和措施可不叙述，但要求有策划和目标）

必须逐条展开叙述。

必须包含如下内容：

（1）技术的名称

（2）适用范围以及解决的绿色施工难题

（3）技术（措施）内容

（4）施工要点

（5）对节能、减排、降耗和环境保护的贡献率（值）

（6）预计的投入以及投入回收周期

（7）技术当前所处的水平

（8）示范情况

（9）推广的可行性

第六部分　绿色施工效果

建议采用如下表格形式对考核指标的效果进行描述：

序号	项目	目标值	实际值	措施
1	场界空气质量			
2	建筑垃圾			
3				
4				
……				

第七部分　效果分析

本部分为对比分析的总结，分阶段对目标值和实际值进行对比，对目标的消耗的合理性进行分析，对不合格部分加以改进，对效果显著的部分加以推广。

第八部分　经济、环境、社会效益

1. 本部分主要内容为绿色施工产生的项目经济收益、环境效益、企业形象、社会好评等。

2. 经济效益要求按照技术指标进行计算。

3. 环境效益中必须包含二氧化碳排放计算。

第九部分　存在的问题及改进方法

1. 本部分为项目实施过程中发现的问题、下一步工作计划（包括改进方法）、项目的推广应用前景（包括该技术在推广过程中需解决的技术问题、政策壁垒、资源或资本制约、人才培养、其他限制条件等）。

2. 重点叙述：

（1）对所取得的效果与目标进行对比分析，以此检查能源消耗、资源浪费和环境污染等各项技术指标、技术措施及绿色方案是否科学、合理；同时总结出值得借鉴的经验及需要改进的措施；

（2）检查在施工过程中能源和自然资源消耗、生态环境改变、水资源利用的合理程度和合法性，对当前的材料消耗、环境保护和人员健康做出正确评估；

（3）分析施工过程中方案优化前后的成效；

（4）对绿色施工的经济效益（实施绿色施工的增加成本、实施绿色施工的节约的成本）进行总结分析；

（5）分析企业通过绿色施工是否提高了节能、降耗的环保意识，企业的技术创新、新技术应用和现代化管理水平是否得到整体提升；

（6）对存在的问题和值得借鉴的经验进行自我评价。

第十部分　附件

即证明材料（专利、工法、成果鉴定（评估、评价）、荣誉证书、文件及其他项目认为有必要提交的证明材料）。

附件 4　住房和城乡建设部绿色施工科技示范工程过程评价指导意见书

项目编号：

住房和城乡建设部
绿色施工科技示范工程
过程评价指导意见书

项目名称：

咨询指导日期：__年__月__日

中国土木工程学会总工程师工作委员会

工程名称			
建设地点			
工程用途	□住宅 □公共建筑　□ 其他	结构形式	
完成日期		主体完成日期	
占地面积		建筑面积	
建设单位			
设计单位			
监理单位			
施工单位			
项目负责人		手机	
一、绿色施工难点			

二、主要示范技术
三、主要考核指标(量化指标)

四、所提交的资料

五、评价指导意见(包括效果、问题、整改要求和建议)	
科技示范管理与 职业健康安全	从以下9个方面进行评价指导 1. 组织机构、职责及制度的完善程度评价 2. 技术应用与创新技术的评价(包括针对难点立项研究情况和对主要示范技术的推广计划) 3. 主要示范技术调整建议 4. 各阶段自评价表的科学合理性评价 5. 提交资料的评价 6. 人力资源节约的评价 7. 职业健康安全管理的评价 8. 资金投入计划及社会环境经济效益评价 9. 整改要求(必须具体到可操作)

<table>
<tr><td>环境管理</td><td>从以下 9 个方面进行评价指导
1. 环境保护考核指标的科学合理性评价
2. 对于扬尘、噪声、建筑垃圾目标值与实际值的对比分析方法的评价
3. 对于建筑垃圾排放源的识别的全面性及统计方法评价
4. 提高建筑垃圾减量化效果、抑尘、降噪技术的评价(必须包括通过技术应用对环保效果的影响的分析)
5. 对环境保护效果有影响的技术(包括主要示范技术)的执行情况、技术成熟度、可推广性评价
6. 应进一步提炼总结、并尽可能形成专利、工法、论文等技术
7. 主要示范技术调整建议(包括增加和减少)
8. 提交资料的齐全程度
9. 整改要求(必须具体到可操作)</td></tr>
</table>

节材与材料资源利用	从以下9个方面进行评价指导 1. 节材考核指标的科学合理性评价 2. 对于主要材料，节约目标值与实际值的对比分析方法的评价 3. 对于材料利用量与建筑垃圾回收利用率统计与分析方法评价 4. 节材与提高建筑垃圾回收利用率技术的评价（必须包括通过技术应用对节材效果的影响的分析） 5. 对节材与材料资源利用效果有影响的技术（包括主要示范技术）的执行情况、技术成熟度、可推广性评价 6. 应进一步提炼总结、并尽可能形成专利、工法、论文等的技术 7. 主要示范技术调整建议（包括增加和减少） 8. 提交资料的齐全程度 9. 整改要求（必须具体到可操作）

节能与能源利用	从以下8个方面进行评价指导 1. 节能考核指标的科学合理性评价 2. 目标能耗与实际能耗值的对比分析方法的评价 3. 节能与提高能源利用率技术的评价(必须包括通过技术应用对节能效果的影响的分析) 4. 对节能与能源利用效果有影响的技术(包括主要示范技术)的执行情况、技术成熟度、可推广性评价 5. 应进一步提炼总结、并尽可能形成专利、工法、论文等的节能技术 6. 主要示范技术调整建议(包括增加和减少) 7. 提交资料的齐全程度 8. 整改要求(必须具体到可操作)

节水与水资源利用	从以下9个方面进行评价指导 1. 节水与非传统水利用考核指标的科学合理性评价 2. 水耗目标值与实际值的对比分析方法的评价 3. 对于水耗与非传统水利用统计与分析方法评价 4. 节水与提高非传统水利用率技术的评价(必须包括通过技术应用对节水效果的影响的分析) 5. 对节水与非传统水资源利用效果有影响的技术(包括主要示范技术)的执行情况、技术成熟度、可推广性评价 6. 应进一步提炼总结、并尽可能形成专利、工法、论文等的技术 7. 主要示范技术调整建议(包括增加和减少) 8. 提交资料的齐全程度 9. 整改要求(必须具体到可操作)

节地与施工用地保护	从以下 7 个方面进行评价指导 1. 节地考核指标的科学合理性评价 2. 优化后基坑开挖和支护方案对比分析报告的评价 3. 对节地效果有影响的技术(包括主要示范技术)的执行情况、技术成熟度、可推广性评价 4. 应进一步提炼总结、并尽可能形成专利、工法、论文等的技术 5. 主要示范技术调整建议(包括增加和减少) 6. 提交资料的齐全程度 7. 整改要求(必须具体到可操作)

咨询指导意见

××××年×月×日，中国土木工程学会总工程师工作委员会组织专家组对×××承担的住建部绿色施工科技示范工程“×××”项目进行了过程咨询指导。专家组认真听取了汇报，审阅了相关资料，察看了工程现场并进行了质询。经讨论，形成以下整改要求（具体到可操作）：

1. 应补充完善的资料

2. 不合理或不明确的考核指标的完善要求

3. 应建立的组织机构及应补充完善的制度

4. 数据统计分析方法、内容的改进和补充完善要求

5. 有待进一步挖掘、提炼、分析的科技应用与创新成果（需指出应总结到什么程度）

6. 当前不满足要求的效果应如何提升（除四节一环保效果外，还包括资金投入计划和社会经济效益）

7. 主要示范内容调整意见（增加或减少）

专家组组长：____________________

专家组成员：____________________

__年__月__日

附件 5　住房和城乡建设部科技计划项目验收申请表

住房和城乡建设部科技计划项目
验收申请表

项　目　名　称：

完　成　单　位：

申请验收单位：　　　　　　　　　　（盖章）

申请验收日期：

住房和城乡建设部建筑节能与科技司

二〇一〇年一月制

<table>
<tr><td colspan="2">验收科技项目中文名称</td><td colspan="5">限 35 个汉字</td></tr>
<tr><td colspan="2">项目编号</td><td colspan="5"></td></tr>
<tr><td colspan="2">研究起始时间</td><td colspan="2">__年__月</td><td>研究终止时间</td><td colspan="2">__年__月</td></tr>
<tr><td rowspan="7">申请验收单位</td><td>单位名称</td><td colspan="5"></td></tr>
<tr><td>隶属省部</td><td></td><td>所在地区</td><td colspan="3"></td></tr>
<tr><td>单位属性</td><td>(　　)</td><td colspan="4">1. 独立科研机构 2. 大专院校 3. 工矿企业 4. 集体个体 5. 其他</td></tr>
<tr><td>联系人</td><td></td><td>手机</td><td colspan="3"></td></tr>
<tr><td>联系电话</td><td></td><td>邮政编码</td><td colspan="3"></td></tr>
<tr><td>通信地址</td><td colspan="5"></td></tr>
<tr><td>E-mail</td><td colspan="5"></td></tr>
<tr><td colspan="2">任务来源</td><td>(　)</td><td colspan="4">1-国家计划　2-省部计划　3-计划外</td></tr>
<tr><td colspan="2">成果有无密级</td><td>(　)</td><td>0-无　1-有</td><td>密级(　　)</td><td colspan="2">1-秘密 2-机密 3-绝密</td></tr>
<tr><td colspan="7">一、项目任务、考核指标及主要技术经济指标简介</td></tr>
<tr><td colspan="7"></td></tr>
</table>

二、项目执行情况评价（包括目标、任务完成情况、解决的关键技术、取得的重大科技成果、形成标准、技术规程、施工工法、标准图和专利情况、获得的各种奖励情况、整体水平与配套性以及项目完成后建成的试验基地、中试线、生产线等情况）

三、项目成果所取得的直接效益和间接效益（经济、社会和环境效益）
四、提供验收的技术文件清单（项目变更申请报告、验收报告等）

五、主要研制人员名单							
序号	姓名	性别	出生年月	技术职称	文化程度(学位)	工作单位	对成果创造性贡献
1							
2							
3							
4							
5							
6							
7							
8							
9							
10							
11							
12							
13							
14							
15							

注:主要研制人员超过 15 人可加附页。

六、项目完成单位情况						
序号	完成单位名称	邮政编码	所在省市代码	详细通信地址	隶属省部	单位属性
1						
2						
3						
4						
5						
6						
7						
8						

注：完成单位序号超过 8 个可加附页。

完成单位名称必须填写全称，不得简化，与单位公章完全一致，并填入完成和名称的第一栏中。其下属机构名称则填入第二栏中。

所在省市代码按省、自治区、直辖市和国务院各部门及其他机构名称代码填写。

详细通信地址要写明省（自治区、直辖市）、市（地区）、县（区）、街道和门牌号码。

隶属省部是指本单位和行政关系隶属于哪一个省、自治区、直辖市或国务院部门主管。并将其名称填入表中。如果本单位有地方、部门双重隶属关系，请按主要的隶属关系填写。

单位属性是指本单位在 1. 独立科研机构；2. 大专院校；3. 工矿企业；4. 集体或个体企业；5. 其他。五类性质中属于哪一类，并在栏中选填 1. 2. 3. 4. 5. 即可。

<table>
<tr><td colspan="2">七、申请验收单位意见</td></tr>
<tr><td colspan="2">领导签字：____________（单位盖章）
____年____月____日</td></tr>
<tr><td colspan="2">八、主管业务部门意见</td></tr>
<tr><td colspan="2">领导签字：____________（单位盖章）
____年____月____日</td></tr>
<tr><td colspan="2">九、任务下达单位意见</td></tr>
<tr><td colspan="2">领导签字：____________（单位盖章）
____年____月____日</td></tr>
<tr><td colspan="2">十、组织验收单位意见</td></tr>
<tr><td colspan="2">经办人____________（签字）；主管领导______________（单位盖章）
____年____月____日</td></tr>
<tr><td>验收形式</td><td></td></tr>
</table>

填 写 说 明

1.《住房和城乡建设部科技项目验收申请表》由项目完成单位填写。本表格规格为标准 A4 纸，竖装。必须打印或铅印，字体为小 4 号仿宋体字。

2. 项目名称：与住房和城乡建设部科学技术计划批复的项目名称一致。名称有变更的需写出说明。

3. 完成单位：指承担该项目主要研制任务的单位。由二个以上单位共同完成时，原则按项目计划批复的排序，如有变化，填写前，完成单位必须协商一致。

4. 申请验收单位：由项目完成单位填写，名称必须与单位公章完全一致。二个以上单位完成的，原则由计划任务书或合同书中第一承担单位提出申请，如有变化，在提出申请验收之前，各完成单位必须协商一致。

5. 申请验收日期：由项目完成单位填写。

申请组织验收单位：指向有组织验收权，并向其提出验收申请的单位。由成果完成单位填写。

组织验收单位受理日期：指申请验收单位将本验收申请表送达申请组织验收单位的日期。由经办人填写并签字。

6. 申请表中的“项目名称”必须填写全称，并与封面上的项目名称完全一致。

7. 研究起始时间：是指该项成果开始研究或开发的时间。

8. 研究终止时间：是指该成果最终完成的时间。

9. 申请验收单位：

（1）单位名称：即封面上的申请验收单位。

（2）隶属省部：指申请验收单位的行政隶属关系属于哪个地方或部门，如果本单位有双重隶属关系，请按本单位最主要的隶属的关系填写。隶属省部的名称由申请验收单位填写。

（3）所在地区：是指验收申请单位所在的省、自治区、直辖市，地区名称由申请验收单位填写。

（4）单位属性：是指项目第一完成单位在 1. 独立科研机构；2. 大专学院；3. 工矿企业；4. 集体个体；5. 其他五类性质中属于哪一类，并在括号中选填相应的数字即可。

（5）联系人：是指申请验收单位的该项目的技术负责人。

（6）通信地址：指验收申请单位的通信地址，要依次写明省、市（区）、县、街和门牌号码。

10. 任务来源：是指该项目隶属于哪个计划，请在括号中选填 1.2.3 即可。

11. 项目编号：是指该项目立项时有关部门给出的项目编号。

12. 成果有无密级：根据国家有关科技保密规定，确定该项目是否有密级。

13. 密级：根据国家有关科技保密的规定确定的密级。该项目如无密级此栏可不填，如有密级请在括号内选填 1.2.3 即可。

14. 其他内容：应包括如下内容：

（1）项目任务、考核指标及主要技术经济指标；

（2）项目执行情况评价（包括目标、任务完成情况、解决的关键技术、取得的重大科技成果、形成标准、技术规程、施工工法、标准图和专利情况、获得的各种奖励情况、整体水平及配套性以及项目完成后建成的试验基地、中试线、生产线等情况）；

（3）项目成果对国民经济和国家标准体系产生的作用和影响，成果转化、产业化情况以及所取得的直接效益和间接效益（经济、社会和环境效益），成果推广应用、标准应用前景的评价；

（4）存在问题；

（5）标准和论文目录；

（6）提供验收的技术文件清单（验收报告、测试报告、使用报告、查新报告等）。

15. 住房和城乡建设部科技项目经费决算表要如实填写，并加盖单位财务公章。

16. 主要研制人员：由成果完成单位根据研究人员对成果的创造性贡献大小顺序填写。并应得到所有完成单位的认可。

17. 项目完成单位情况应如实填写。

18. 申请验收单位意见：由申请验收单位填写，经领导鉴定后，加盖单位公章。

19. 主管业务部门意见：由申请验收单位的上级业务主管部门填写，经领导签字后，加盖单位公章。

20. 任务下达单位意见：由该项目的任务下达单位填写，经领导签字后，加盖单位公章。

21. 组织验收单位意见：由组织验收单位填写，由经办人和主管领导签字。

22. 验收形式：由组织验收单位填写，分为会议验收、函审验收两种方式选一。

23. 验收报告格式见附件 6。

附件 6　住房和城乡建设部绿色施工科技示范工程研究报告

住房和城乡建设部绿色施工科技示范工程

研究报告

项目名称：（与申报名称一致）

承担单位：（与申报名称一致）

编写日期：

报告的整体要求：

1）严格按照规定的模版要求，目录及对应页码完善。

2）内容充分、数据翔实、图文并茂、科学严谨，能如实全面反应项目的绿色科技示范过程实施情况及效果。

3）本模版仅做内容规定，对于字体、段落、封面、页面设置等细化格式均不做要求，由项目自行设计。

目 录

第一部分　项目概况

本部分要求：

1. 重要内容与申报书一致。包括工程地点、占地面积、建筑面积情况；结构与基础类型、功能用途、开竣工时间；最大高度、基坑深度；工程总投资等。

2. 重点描述工程地点、地理情况、地质情况等内容。

工程地点：要对周边情况进行描述（如临近地铁、居民区、闹市区、医院、学校、地下管线复杂、上空临近高压线、邻河……等）；

地理情况：如平原（高原）、雨水、气温、地下水情况等；

地质情况：如地基、土质等。

第二部分　影响绿色施工成效的要素

本部分为工程的难点（节能、减排、降耗、环境保护的难点），也是研究的背景和目的。

必须深入分析、描述每个工程难点对于完成减排降耗等考核指标的影响。如：位置显著，对环保要求；或地域特点造成的难点，如地区首次采用的技术或材料、地域环境及生产条件的限制等。

第三部分　项目的目标及技术路线

1. 此部分即主要示范内容（研究内容）、主要成果、考核指标、技术路线。

2. 主要示范内容、主要成果、考核指标要参照申报书，并与其保持一致。

3. 技术路线为研究的方法、步骤等。至少包含：

（1）按阶段、按部位对量化考核指标进行的分解；

（2）每项研究内容（在之前所确定的）所采取的研究方法（如：调研—设备对比选型—试验—应用—总结）完成时间或阶段；

（3）针对考核指标的完成计划采取的主要措施；

（4）主要机械设备详表、绿色施工购置清单、施工总平面图布置、资金投入和工作人员投入详表；

（5）数据的统计和分析方法；

（6）成果转化和服务推广计划。

第四部分　组织架构与制度

本部分要求：

1. 此部分为科技示范工程的架构和制度。要包含科技研发、技术推广的体系和制度，必须制定技术研发、技术应用、技术推广的制度。

2. 项目经理为第一责任人，开展绿色施工工作。

3. 绿色施工科技示范工程组织机构设置（是科技计划项目的组织机构，非绿色施工组织机构）(集团－公司－项目（业主、设计、监理、分包））三级管理。

4. 职责分配准确、齐全。

5. 科技示范工程但是必须体现PDCA循环的理念：

（1）有计划人，确定方针和目标，以及制定工作规划；

（2）有执行责任人，根据工程情况和人财物条件，设计具体的施工方法、方案；再根据方案进行具体运作，实现计划中的内容；

(3) 要有检查评价，总结执行计划的结果，分析哪些对了，哪些错了，明确效果，找出问题；

(4) 对总结检查的结果进行处理，对成功的经验加以肯定，并予以标准化，达到推广；对不足加以改进。

第五部分 研究成果

本部分为主要示范技术、主要措施、本项目形成的工法、专利、奖项、论文、各种技术成果。必须逐条展开叙述。

必须包含如下内容：

(1) 技术的名称

(2) 适用范围以及解决的绿色施工难题

(3) 技术（措施）内容

(4) 施工要点

(5) 对节能、减排、降耗和环境保护的贡献率（值）

(6) 预计的投入以及投入回收周期

(7) 技术当前所处的水平

(8) 示范情况

(9) 推广的可行性

第六部分 中期整改报告

针对中期整改意见，逐条回应，并附相关证明资料。

第七部分 绿色施工效果

建议采用如下表格形式对考核指标的效果进行描述：

序号	项目	目标值	实际值	措施
1	场界空气质量			
2	建筑垃圾			
3				
4				
……				

第八部分 效果分析

本部分为对比分析的总结，分阶段对目标值和实际值进行对比，对目标的消耗的合理性进行分析，对不合格加以改进，对效果显著的加以推广。

第九部分 经济、环境、社会效益

1. 本部分主要内容为绿色施工产生的项目经济收益、环境效益、企业形象、社会好评等。

2. 经济效益要求按照技术指标进行计算。

3. 环境效益中必须包含二氧化碳排放计算。

第十部分 存在的问题及改进方法

1. 本部分为项目实施过程中发现的问题、下一步工作计划（包括改进方法）、项目的推广应用前景（包括该技术在推广过程中需解决的技术问题、政策壁垒、资源或资本制约、人才培养、其他限制条件等）。

2. 重点叙述：

（1）对所取得的效果与目标进行对比分析，以此检查能源消耗、资源浪费和环境污染等各项技术指标、技术措施及绿色方案是否科学、合理；同时总结出值得借鉴的经验及需要改进的措施；

（2）检查在施工过程中能源和自然资源消耗、生态环境改变、水资源利用的合理程度和合法性，对当前的材料消耗、环境保护和人员健康做出正确评估；

（3）分析施工过程中方案优化前后的成效；

（4）对绿色施工的经济效益（实施绿色施工的增加成本、实施绿色施工的节约的成本）进行总结分析；

（5）分析企业通过绿色施工是否提高了节能、降耗的环保意识，企业的技术创新、新技术应用和现代化管理水平是否得到整体提升；

（6）对存在的问题和值得借鉴的经验进行自我评价。

第十一部分 附件

即证明材料（专利、工法、成果鉴定（评估、评价）、荣誉证书、文件及其他项目认为有必要提交的证明材料）。

附件 7 绿色施工技术成果表

绿色施工技术成果表

（格式及填写说明）

技术名称：________________________

施工阶段：________________________

序号		技术成果指标	具体描述	填写说明
（一）技术成果简介	1	技术名称		有突出特点的、具体的、可直接推广的名称
	2	技术提供方		拥有知识产权或具备工程设计建造能力，列出具体单位全称
	3	适用条件及范围		适用的施工阶段或部位，技术使用的限定条件，包括区域（50 字以内）
	4	技术简要说明		原理、主要技术特点及关键技术（200 字以内）
	5	施工技术要点		简述使用该技术时需要特别注意的地方（必须提供至少两张 JPG 格式、属性大小 1M 以上的图片）
	6	示范应用情况		提供 2 个或以上示范应用工程，内容包括：工程名称、承担单位、工程所在地、工程规模、结构类型、应用效果
	7	示范应用单位联系人/电话/邮箱		提供示范应用单位联系方式，以核实数据
（二）技术定量指标数据	8	实施效果		描述技术对四节一环保的贡献，包括社会环境效益。数据用相对值时，需说明比较的基准，绝对值要注明工程规模，并以万元产值为单位。量化值需提供计算依据以供核实
	9	技术应用投入		应用该技术进行新建工程所必需的主要设备及其他附属设备一次投入的投入金额，或周转摊销。需注明工程规模
	10	投入回收周期		周转摊销周期
	11	单个项目的收益		由于采用此项技术，节约而产生的效益
	12	技术普及率		指该技术与同类技术相比应用的比例，用%表示

续表

序号		技术成果指标	具体描述	填写说明
（三）定性指标描述	13	技术先进性		描述技术的创新性，在国际和国内同类技术中所处的地位、水平
	14	技术成熟度		描述技术应用的完善程度
	15	技术适用性		描述该技术推广应用的适用范围、与工艺技术上下游匹配程度，受地域、规模、环境、资源能源等因素的限制条件等
	16	技术安全性		描述该技术在应用过程中面临的实用性、配套设施是否完善、市场接受度等风险
	17	推广应用建议		描述该技术在推广过程中需解决的技术问题、政策壁垒、资源或资本制约、人才培养、其他限制条件等障碍大小等
	18	知识产权转让		是否具有国内自主知识产权，是否取得专利、工法等，技术拥有方的性质（企业、高校、个人等）

附件 8

住房和城乡建设部科技计划项目
验收证书

建科验字［　　］第　　号

项目名称：

完成单位：　　　　　　　　　　　（盖章）

组织验收单位：住房和城乡建设部标准定额司（盖章）

验收日期：

住房和城乡建设部标准定额司

二〇一〇年一月制

住房和城乡建设部科技计划项目验收信息表

<table>
<tr><td colspan="2">项 目 名 称</td><td colspan="8"></td></tr>
<tr><td colspan="2">项 目 编 号</td><td colspan="8"></td></tr>
<tr><td colspan="2">第一完成单位</td><td colspan="8"></td></tr>
<tr><td rowspan="3">项目负责人</td><td>姓　　名</td><td colspan="2"></td><td>学历</td><td></td><td>职称</td><td></td><td>联系电话</td><td></td></tr>
<tr><td>工作单位</td><td colspan="6"></td><td>E-mail</td><td></td></tr>
<tr><td>通信地址</td><td colspan="6"></td><td>邮　编</td><td></td></tr>
<tr><td colspan="2">结题形式</td><td></td><td colspan="7">1. 验收　2. 总结　3. 终止　4. 撤销</td></tr>
<tr><td colspan="2">完成情况</td><td></td><td colspan="7">1. 达到预期指标　2. 超过预期指标　3. 未达到预期指标</td></tr>
<tr><td colspan="2">主持验收部门</td><td colspan="8"></td></tr>
<tr><td colspan="2" rowspan="2">验收委员会主任</td><td>姓　名</td><td colspan="3"></td><td>职称</td><td colspan="3"></td></tr>
<tr><td>工作单位</td><td colspan="3"></td><td></td><td colspan="3"></td></tr>
<tr><td rowspan="3">实际参加研究人员</td><td>总计</td><td colspan="8">人</td></tr>
<tr><td rowspan="2">其中</td><td>高级职称</td><td>人</td><td>中级职称</td><td>人</td><td>初级职称</td><td colspan="3">人</td></tr>
<tr><td>博　　士</td><td>人</td><td>硕　士</td><td>人</td><td>其　　他</td><td colspan="3">人</td></tr>
<tr><td rowspan="5">主要成果</td><td colspan="3">新 产 品：___项</td><td colspan="3">新技术、新工艺：___项</td><td colspan="3">新材料：___种</td></tr>
<tr><td colspan="9">制定标准：___项。其中：国际标准___项，国家标准___项，行业标准___项，
地方标准___项，技术规范___项，企业标准___项</td></tr>
<tr><td colspan="9">获 专 利：___项，其中：国外发明专利___项，国内发明专利___项</td></tr>
<tr><td colspan="9">研究报告、论文___篇。其中：国内发表___篇，在国际上发表___篇</td></tr>
<tr><td colspan="3">示范点______个</td><td colspan="3">中试线_____条</td><td colspan="3">生产线_____种</td></tr>
<tr><td rowspan="2">主要成果</td><td colspan="3">培养博士后___名</td><td colspan="3">培养博士___名</td><td colspan="3">培养硕士___名</td></tr>
<tr><td colspan="9">获奖___项。其中：部级___项，国家级___项</td></tr>
<tr><td rowspan="3">应用情况</td><td colspan="3">成果转让合同数</td><td colspan="2">项</td><td colspan="2">成果转让合同额</td><td colspan="2">万元</td></tr>
<tr><td colspan="3">已商品化成果数</td><td colspan="2">项</td><td colspan="2">实际应用成果数</td><td colspan="2">项</td></tr>
<tr><td colspan="3">已获综合经济效益</td><td colspan="2">万元</td><td colspan="2"></td><td colspan="2"></td></tr>
<tr><td>直接经济效益</td><td>新增产值</td><td>万元</td><td>新增利税</td><td>万元</td><td>出口创汇</td><td colspan="4">万美元</td></tr>
<tr><td>经费情况</td><td>总经费</td><td colspan="3">万元</td><td>国家拨款</td><td colspan="4">万元</td></tr>
</table>

一、简要技术说明及主要技术性能指标及推广应用前景与措施

二、主要技术文件目录及来源

三、验收委员会验收意见
验收意见(请针对项目组完成该项目原定任务、目标的情况,达到考核内容与指标的情况,做出的成绩及取得的成果的真实性、水平及使用价值,提供资料、数据的翔实、完整等情况做出公正、具体的评价意见): 验收专家委员会主任委员:________ 主任委员:________ ___年___月___日

四、主持验收单位意见
主管领导签字：________　（盖章） ____年____月____日
五、组织验收单位意见
主管领导签字：________　（盖章） ____年____月____日

六、科技项目完成单位情况						
序号	完成单位名称	邮政编码	所在省市代码	详细通信地址	隶属省部	单位属性
1						
2						
3						
4						
5						
6						
7						
8						

注：完成单位序号超过8个可加附页。其顺序必须与鉴定证书封面上的顺序完全一致。

完成单位名称必须填写全称，不得简化，与单位公章完全一致，并填入完成和名称的第一栏中。其下属机构名称则填入第二栏中。

所在省市代码由组织鉴定单位按省、自治区、直辖市和国务院各部门及其他机构名称代码填写。

详细通信地址要写明省（自治区、直辖市）、市（地区）、县（区）、街道和门牌号码。

隶属省部是指本单位和行政关系隶属于哪一个省、自治区、直辖市或国务院部门主管。并将其名称填入表中，如果本单位由地方/部门双重隶属关系，请按主要的隶属关系填写。

单位属性是指本单位在1. 独立科研机构；2. 大专院校；3. 工矿企业；4. 集体或个体企业；5. 其他。五类性质中属于哪一类，并在栏中选填1.2.3.4.5. 即可。

七、主要研制人员名单							
序号	姓名	性别	出生年月	技术职称	文化程度	工作单位	对成果创造性贡献
1							
2							
3							
4							
5							
6							
7							
8							
9							
10							
11							
12							
13							
14							
15							
16							

八、验收委员会名单							
序号	验收会职务	姓名	工作单位	所学专业	现从事专业	职务职称	签名
1							
2							
3							
4							
5							
6							
7							
8							
9							

填　写　说　明

1.《住房和城乡建设部科技计划项目验收证书》。本证书规格一律为标准 A3 纸，激光打印，骑马装订。必须打印或铅印，字体为 4 号字。

本证书为住房和城乡建设部建筑节能与科技司（现标准定额司）制定的标准格式，任何部门、单位、个人均不得擅自改变内容、增减证书中栏目。

2. 编号：指组织验收单位科技成果管理机构按年度组织验收的顺序编号。

3. 项目名称：申请验收时经组织验收单位审查同意使用的项目名称。

4. 项目完成单位：指承担该项目主要研制任务的单位。由二个以上单位共同完成时，按对项目贡献由大到小的顺序排列。

5. 组织验收单位：组织此项目验收的单位即住房和城乡建设部建筑节能与科技司（现标准定额司）。

6. 验收形式：指该项目采用的验收形式，即会议验收或函审验收。

7. 验收申请日期：承担该项目的主要研制单位提交验收申请表的日期。

8. 验收日期：指该项目通过专家验收的日期。

9. 简要技术说明和主要性能指标及推广应用前景与措施：应包括：

（1）应用领域和技术原理。

（2）主要性能指标指计划达到的性能指标和实际达到的性能指标。

（3）与国内外同类技术比较。

（4）直接经济效益、社会效益和环境效益。

（5）推广应用的范围、条件和前景。

（6）存在的问题和改进意见。

10. 主要文件和技术资料目录：指按照规定由申请验收单位必须递交的主要文件和技术资料。

11. 验收意见：会议验收由验收委员会形成验收意见；函审验收由函审专家组正副组长根据函审专家意见汇总形成意见。

12. 主要研制人员名单：由项目完成单位填写。填写内容与《住房和城乡建设部科技项目验收申请表》中的主要研制人员名单相同。

13. 验收专家名单：采用会议验收的，由参加验收会的专家亲自填写；采用函审验收的，由主持验收单位根据函审专家填写的《住房和城乡建设部科技项目函审表》中有关内容填写。

14. 主持验收单位意见：由受组织验收单位委托，具体主持该项目验收工作的单位填写。

15. 组织验收单位意见：住房和城乡建设部建筑节能与科技司填写。

16. 科技成果登记：软科学和研究开发项目完成后需另行填写“科技成果登记表”一式两份并加盖完成单位公章与验收证书一起上报。

附件 9

住房和城乡建设部绿色施工科技示范工程技术指标及实施与评价指南

2019 年 1 月

第一章 总 则

1. 住房和城乡建设部绿色施工科技示范工程（以下简称“绿施科技示范”）技术指标及实施与评价指南（以下简称“指标及指南”）适用于建筑工程“绿施科技示范”的申报、立项评审、过程实施评价与验收以及相关资料的整理。市政、铁路、交通、水利等土木工程和工业建设项目可参照执行。

2. “绿施科技示范”量化考核指标应遵循因地制宜的原则，结合工程所在地域的气候、环境、资源、经济、文化等特点，以及工程自身特点进行制定并应进行细化和分解，原则上应满足“指标及指南”中的量化指标要求（见表1）。且量化考核指标必须用具体、明确的数值表达。

3. “指标及指南”的评价内容（表4～表9）中仅为“绿施科技示范”应当满足的要求。凡未在“指标及指南”中规定的绿色施工内容，必须满足国家现行的绿色施工相关标准规范要求，并按此实施及考核评价。

4. “绿施科技示范”评价包含“绿施科技示范”管理、环境保护、节材与材料资源利用、节能与能源利用、节水与水资源利用、节地与施工用地保护、人力资源节约与职业健康安全等七大要素。

5. “指标及指南”的评价内容表2是对“绿施科技示范”管理体系的要求；表3是对项目的整体技术创新及科技示范内容进行评价；表10是对“绿施科技示范”的最终社会、环境效益与经济效益进行评价，适用于项目验收时评价，项目自评价可参考；表11是量化技术指标计算方法，统一按此表计算比对。

6. 过程中应优先选用住房和城乡建设部《绿色施工推广应用技术公告》（以下简称“技术公告”）中所列技术。所选用的技术未列入“技术公告”中的推广应用技术、“全国建设行业科技成果推广项目”、地方住房和城乡建设行政主管部门发布的推广项目等先进适用技术，且未形成专利（国家发明）、工法（省部级以上）的，应通过有关部门组织技术评价（鉴定）并提供成果评价（鉴定）报告。

第二章 量化考核指标

量化指标值 **表 1**

序号	类别	项目	目标控制点	控制指标
1	环境保护	场界空气质量指数	PM2.5	不超过当地气象部门公布数据值
			PM10	不超过当地气象部门公布数据值
		噪声控制	昼间噪声	昼间监测≤70dB
			夜间噪声	夜间监测≤55dB
		建筑垃圾控制	固体废弃物排放量	固体废弃物排放量不高于 300t/万 m^2；预制装配式建筑固体废弃物排放量不高于 200t/万 m^2
		有毒、有害废弃物控制	分类收集	分类收集率达到 100%
			合规处理	100%送专业回收单位处理
		污废水控制	检测排放	污废水经检测合格后有组织排放
		烟气控制	油烟净化处理	工地食堂油烟 100%经油烟净化处理后排放
			车辆及设备尾气	进出场车辆、设备废气达到年检合格标准
			焊烟排放	集中焊接应有焊烟净化装置
		资源保护	文物古迹、古树、地下水、管线、土壤	施工范围内文物、古迹、古树、名木、地下管线、地下水、土壤按相关规定保护达到 100%
2	材料与材料资源利用	节材控制	建筑实体材料损耗率	结构、机电、装饰装修材料损耗率比定额损耗率降低 30%
			非实体材料（模板除外）可重复使用率	可重复使用率不低于 70%
			模板周转次数	模板周转次数不低于 6 次
		材料资源利用	建筑垃圾回收利用率	建筑垃圾回收再利用率不低于 50%
3	节能与能源利用	节能控制	能源消耗	能源消耗比定额用量节省不低于 10%
			材料运输	距现场 500km 以内建筑材料采购量占比不低于 70%（指采购地）
4	节水与水资源利用	节水控制	施工用水	用水量节省不低于定额用水量的 10%
		水资源利用	非传统水源利用	湿润区非传统水源回收再利用率占总用水量不低于 30%；半湿润区非传统水源回收再利用率占总用水量不低于 20%
5	节地与施工用地保护	节地控制	施工用地	临建设施占地面积有效利用率大于 90%
6	人力资源节约与职业健康安全	职业健康安全	个人防护器具配备	危险作业环境个人防护器具配备率 100%；对身体有毒有害的材料及工艺使用前应进行检测和监测，并采取有效的控制措施；对身体有毒有害的粉尘作业采取有效控制
		人力资源节约	总用工量	总用工量节约率不低于定额用工量的 3%

第三章　评价内容及实施与评价指南

"绿施科技示范"管理　表 2

序号	评价内容		实施与评价要点
1	组织管理	应建立健全满足"绿施科技示范"实施和推广要求的工作机制	(1)"绿施科技示范"实施和推广的组织管理体系应由企业相关管理部门、项目部共同参与； (2)相关制度和管理办法应对本指标中评价内容全覆盖，并包括对分包的管理
2	策划管理	(1)应编制《绿色施工方案》和《绿色施工科技示范工程实施方案及推广计划》； (2)应针对工程特点，对主要示范内容进行策划	(1)施工组织设计中应包含绿色施工策划与实施内容； (2)《绿色施工科技示范工程实施方案及推广计划》中必须包括的内容见附件 1； (3)针对各项量化指标，所采取的措施应结合工程特点及地域特点，科学合理，并应优先选用《技术公告》中的技术和措施，有效地完成各项控制指标； (4)主要示范内容必须具有针对性，能够解决本工程绿色施工难点，并具有推广意义； (5)方案必须按规定完成审批
3	实施管理	(1)实施过程中，对各项量化指标应按阶段进行分解； (2)应保留完整的过程资料； (3)对各阶段完成情况应进行评价； (4)项目实施应满足国家现行的绿色施工相关标准规范的要求	(1)量化指标应根据本指标的要求，并结合项目所处的地域特点、项目特点、项目承担单位的相关要求进行制定并按阶段进行分解； (2)过程资料完整、真实、便于查找，数据链符合逻辑，具有可追溯性。并应有施工项目 CO_2 排放量的统计分析报告； (3)评价的内容应该包括：能源消耗、资源浪费和环境污染等各项技术指标、技术措施的科学、合理性评价；施工过程中能源和自然资源消耗、生态环境改变、水资源利用的合理程度和合法性的评价；企业的节能、降耗、环保意识是否得到提高。评价结果应当用于持续改进

技术应用、创新与科技示范　表 3

序号	评价内容	实施与评价要点
1	主要示范内容	(1)绿色施工科技示范工程实施方案中应包含对主要示范内容的策划； (2)主要示范内容必须具有针对性，符合工程特点，并具有良好的示范作用。可以是"技术公告"中的推广应用技术、"全国建设行业科技成果推广项目"、地方住房和城乡建设行政主管部门发布的推广项目等先进适用技术或自主创新技术，也可以是先进的量化技术指标； (3)主要示范内容应在实施过程中应及时检查、总结、完善，形成单项或成套技术，以便推广应用； (4)对主要示范技术应有评价报告(内容包括与传统技术相比，减排降耗以及提高职业健康安全水平的贡献、技术行业中所处水平、推广前景、技术的成熟度、推广的障碍等)
2	技术应用	(1)绿色施工科技示范工程实施方案中应包含绿色施工技术应用计划与实施方案。绿色施工技术的采用应符合地域和工程特点； (2)积极推广应用业内成熟的新技术、新成果，实现与提高绿色施工的各项指标； (3)应对绿色施工技术应用完成情况进行统计；并应对技术应用效果应进行对比分析并形成报告(内容包括与传统技术相比，减排降耗的贡献等)

续表

序号	评价内容	实施与评价要点
3	自主创新技术	(1)应结合工程特点，立项开展有关绿色施工方面新技术、新材料、新工艺、新设备的开发和推广应用的研究。不断形成具有自主知识产权的新技术，新施工工艺、工法。并由此替代传统工艺，提高各项量化指标； (2)自主创新技术应在实施过程中及时总结形成工法、专利或论文等成果；或经有关部门对成果的先进性进行评价； (3)应对技术成果的先进性(总体技术水平等所处的地位)、创新性(形成的新技术、取得的新成果的创新程度；有明显突破或创新、有一定突破或创新、突破和创新不明显)、可推广性(具有良好的示范和带动作用，具有推广应用前景，在同类工程建设中具有指导性和参考价值)、对节材、节能、节水、节地、人力资源节约、职业健康安全以及环境保护的贡献价值进行分析比对(通过技术改进，使资源节约、环境保护效果以及职业健康安全水平得到显著提高)； (4)对创新技术及主要示范技术有自我评价报告(内容包括技术指标、施工要点、与传统技术相比对减排降耗以及提高职业健康安全水平的贡献、技术在行业中所处水平、推广前景、技术的成熟度、推广的障碍等)

环境保护 **表 4**

序号	评价内容	实施与评价要点
1	场界空气质量监控	(1)安装空气质量监测设备，按照规范要求、规定布点监测。自动采集数据，记录当地气象部门公布的日空气质量的相关数据，实时与施工现场的空气质量进行对比分析，结果应用于持续改进； (2)对目标值及实际值应按本指标要求定期进行对比分析(图表分析)，尤其对超标原因及纠正措施进行分析； (3)应制定监测超标后的应急预案； (4)针对量化指标所采取的技术、措施及优化方案对指标完成效果的影响等，应进行对比分析并形成报告
2	噪声控制	(1)应按工程场界内噪声污染源合理布设噪声监测点，设定检测时段及频次进行检测并采集记录数据。数据应完整、真实、便于查找； (2)对目标值及实际值应定期进行对比分析(图表分析)，尤其对超标原因要进行分析并据此优化现场噪声控制措施； (3)应制定监测超标后的应急预案； (4)针对量化指标所采取的技术、措施及优化方案对指标完成效果的影响等，应进行对比分析并形成报告
3	建筑垃圾控制	(1)量化考核指标应满足本指标的要求，并应按地基基础、主体结构、装饰装修和机电安装三个阶段进行分解； (2)建筑废弃物排放源识别及统计应全面。对于固体废弃物排放量应按地基基础、主体结构、装饰装修和机电安装三阶段分类进行统计计算。统计时必须标明废弃物排放源，并应包含分包单位固体废弃物排放量统计数据； (3)应针对工程实际，分析每一主要排放源，制定具有针对性的建筑垃圾减量化措施，并应优先选用“技术公告”中的技术，提高建筑垃圾减量化水平； (4)对目标值及实际值应定期进行对比分析(图表分析)，据此优化现场减量化措施； (5)针对量化指标所采取的技术、措施及优化方案对指标完成效果的影响等，应进行对比分析并形成报告
4	有毒、有害废弃物控制	(1)对有毒、有害废弃物进行充分识别并分类收集，并交由有资质单位合规处理。应建立处理记录统计台账，出场记录完整、数据真实、可追溯； (2)针对量化考核指标，所采取的措施应先进适宜，科学合理，并应优先选用“技术公告”中的技术

续表

序号	评价内容	实施与评价要点
5	污废水控制	(1)设置水质监测点，对施工现场排放的污水进行合规检测处理合格后，排入市政管网。对不能排入市政管网的污水按规定处理后，达标排放；必要时可设置废水处理设备，进行合理回用； (2)对于可能引起水体污染的施工作业，采取措施防止污染，如水上、水下作业，疏浚工程，桥梁工程等； (3)现场设置沉淀池、隔油池、化粪池，定期进行清理； (4)对污废水应建立处理记录台账，记录资料完整、真实、便于查找，数据链符合逻辑，具有可追溯性； (5)针对量化考核指标，所采取的措施应先进适宜，科学合理，并应优先选用“技术公告”中的技术； (6)针对量化指标所采取的技术、措施及优化方案对指标完成效果的影响等，应进行对比分析并形成报告
6	烟气控制	(1)量化考核指标应满足本指标的要求； (2)烟气控制措施应先进适宜，科学合理，并应优先选用“技术公告”中的技术
7	资源保护	(1)对资源保护分类建立统计台账，记录资料完整、真实、便于查找，数据链符合逻辑、具有可追溯性； (2)针对量化考核指标，所采取的措施应先进适宜，科学合理，并应优先选用“技术公告”中的技术； (3)针对量化指标所采取的技术、措施及优化方案，对指标完成效果的影响等，应进行对比分析并形成报告

节材与材料资源利用 **表5**

序号	评价内容	实施与评价要点
1	节材控制	(1)节材控制目标应符合本指标量化值要求，并应全面覆盖； (2)应通过设计深化、施工方案优化、技术应用与创新等手段对节材与材料资源利用进行策划；并应优先选用“技术公告”中的技术，提高节材水平； (3)选择采用周转频次高的模板、脚手架等材料或临时设施推广装配式。对于施工区临时加工棚、围栏等临时设施与安全防护，推广标准化定型产品，提高可重复使用率；周转料具堆放整齐，做好保养维护，延长其使用寿命； (4)分类建立材料台账，对节材效果进行全面统计。统计资料完整、真实、便于查找，数据链符合逻辑，具有可追溯性； (5)针对主要材料，对节材措施(技术、管理、方案优化等)及产生的效果应定期进行对比分析(图表分析)，并形成报告，据此优化节材措施
2	材料资源利用	(1)控制目标指标符合本指标量化值要求，且应按照主要材料种类设立回收利用目标； (2)应针对工程特点和地域特点，制定科学合理的材料资源利用计划，优化建筑垃圾回收利用措施。并应优先选用“技术公告”中的技术，提高建筑垃圾回收利用水平； (3)分类建立建筑垃圾回收利用台账。统计台账齐全，计算方法合理，资料完整、真实、便于查找，数据链符合逻辑，具有可追溯性； (4)对建筑垃圾及回收利用效果应进行分析(图表分析)，据此优化现场建筑垃圾回收利用措施； (5)针对量化指标所采取的技术、措施及优化方案对指标完成效果的影响等，应进行对比分析并形成报告

节能与能源利用 **表 6**

序号	评价内容	实施与评价要点
1	节能控制	(1)应根据当地气候和自然资源条件,针对工程特点,制定科学合理的节能控制目标;控制目标指标符合本指标量化值要求,并应按阶段和区域进行分解; (2)应通过设计深化、施工方案优化、技术应用与创新等手段对节能与能源利用进行策划;优先使用国家、行业推荐的节能、高效、环保的施工设备和机具;积极推广使用风能、太阳能、空气能等可再生能源;并应优先选用“技术公告”中的技术,减少能源消耗; (3)应对重点耗能设备应建立设备技术档案,定期进行设备维护、保养; (4)施工区、生活区、办公区应分区供电计量,大型设备应一机一表; (5)对施工区、生活区、办公区应分别建立能耗统计台账,数据完整、真实,便于查找,数据链符合逻辑,具有可追溯性;并应对可再生能源利用量应进行计量和统计; (6)应分阶段对能耗的目标值及实际值,以及可再生能源利用效果定期进行对比分析(图表分析),形成报告,并据此优化节能措施; (7)针对量化指标所采取的技术、措施及优化方案对指标完成效果的影响等,进行对比分析并形成报告

节水与水资源利用 **表 7**

序号	评价内容	实施与评价要点
1	节水控制	(1)应根据当地气候和自然资源条件,并针对工程特点,制定科学合理的节水控制目标;控制目标指标符合本指标量化值要求,并应按阶段和区域进行分解; (2)应通过设计深化、施工方案优化、技术应用与创新等手段进行节水策划;并应优先选用“技术公告”中的技术,减少水耗; (3)在签订不同标段分包或劳务合同时,应将节水定额指标纳入合同条款,进行计量考核; (4)施工用水、生活用水应分别计量,建立台账,数据真实完整、便于查找,数据链符合逻辑,具有可追溯性; (5)应分阶段、分区域对水耗的目标值及实际值应定期进行对比分析(图表分析),形成报告,并据此优化节水措施,持续改进; (6)针对量化指标所采取的技术、措施及优化方案对指标完成效果的影响等,应进行对比分析并形成报告
2	非传统水源利用	(1)应根据当地气候和自然资源条件,针对工程特点,制定科学合理的非传统水利用措施,建立可再利用的水收集处理系统,进行非传统用水的收集、利用,并应优先选用“技术公告”中的技术,提高水资源利用率; (2)应绘制施工现场非传统水收集系统布置图; (3)用于正式施工的非传统水应采用科学合理的方法进行水质检测,并保留检测报告; (4)应建立非传统水利用台账,对非传统水源利用情况进行全面、真实的统计,标明用途。对利用效果应加以对比分析(图表分析),形成报告,并据此优化水资源利用措施,持续改进; (5)针对量化指标所采取的技术、措施及优化方案对指标完成效果的影响等,应进行对比分析并形成报告

节地与施工用地保护 **表 8**

序号	评价内容	实施与评价要点
1	节地控制	(1)应针对工程特点和地域特点,制定科学合理的节地控制目标;控制目标指标符合本指标量化值要求; (2)施工用地应有审批手续,红线外临时用地办理相关手续; (3)应通过设计深化、施工方案优化、技术应用与创新等手段制定科学合理的节地与土地资源保护措施。施工总平布置应分阶段策划,充分利用原有建(构)筑物、道路、管线,材料堆放减少二次搬运;办公生活区分开布置;临建设施采用环保可周转材料;临建设施占地在满足施工需要后应尽量增加绿化面积。并应优先选用“技术公告”中技术,提高用地效率

续表

序号	评价内容	实施与评价要点
1	节地控制	(4)应进行基坑开挖及支护方案优化，最大限度地减少对原状土的扰动；尽量采用原土回填，符合生态环境要求；施工降水期间，对基坑内外的地下水、构筑物实施有效监测，有相应的保护措施和预案； (5)施工总平布置图应分阶段绘制。临建设施与绿化面积应按不同施工阶段分别统计计算，测量及记录方法科学合理、数据真实，结果应用于持续改进； (6)针对量化指标所采取的技术、措施及优化方案对指标完成效果的影响等，进行对比分析并形成报告

人力资源节约与职业健康安全 **表9**

序号	评价内容	实施与评价要点
1	人力资源节约	(1)应针对工程特点，制定科学合理的人力资源节约目标；控制目标指标符合本指标量化值要求； (2)应通过深化设计、施工方案优化、技术应用与创新等措施，提高施工效率，实现人力资源节约； (3)人力资源节约量应按阶段、分工种、分阶段统计汇总，数据真实，并进行科学合理的对比分析，结果应用于持续改进； (4)针对量化指标所采取的优化方案、技术应用以及指标完成效果等，应进行对比分析并形成报告
2	职业健康安全	(1)现场应进行重大危险源识别并公示，风险源识别应全面； (2)针对重大风险源，应制定相关制度措施，保障施工人员的长期职业健康。施工现场应设医务室，建立卫生急救、保健防疫制度。从事有毒、有害、有刺激性气味和强光、强噪声施工的人员佩戴与其相应的防护器具；超过一定规模危险性较大的分部分项工程应进行专家论证；应有针对风险源的应急预案及演练记录，有食堂卫生许可证，炊事员有有效健康证明，有突发疾病、疫情的应急预案、安全标识； (3)应通过技术进步改善工程施工环境及保障施工人员健康安全； (4)针对量化指标所采取的技术、措施及优化方案对指标完成效果的影响等，进行对比分析并形成报告

绿色施工科技示范工程的社会、环境与经济效益 **表10**

序号	评价内容		实施与评价指南
1	社会效益	(1)质量应达到合格； (2)应无重伤及以上安全事故； (3)应无重大环境因素投诉； (4)工期应满足合同要求； (5)应开展现场观摩会等活动，起到绿色施工科技示范作用	(1)每一项内容应提供真实有效的证明材料，材料应由监理单位盖章。 (2)对延期项目，应提供合规的延期证明材料
2	环境效益	项目的CO_2排放量	(1)施工过程的CO_2排放量； (2)材料运输过程的CO_2排放量； (3)对运输及施工过程中所采取的技术、措施及优化方案对项目的CO_2排放量的影响，应进行对比分析并形成报告

续表

<table>
<tr><th>序号</th><th colspan="6">评价内容</th><th>实施与评价指南</th></tr>
<tr><td rowspan="16">3</td><td rowspan="16">经济效益</td><td rowspan="9">(1)实施绿色施工产生经济效益</td><td>项目</td><td>成本投入增加费用(万元)</td><td>与传统相比节约费用(万元)</td><td>小计(万元)(另附计算公式或计算书)</td><td rowspan="9">计算公式应科学合理,数据真实有效,依据充分,并应经财务部门验证</td></tr>
<tr><td>环境保护</td><td></td><td></td><td></td></tr>
<tr><td>节材</td><td></td><td></td><td></td></tr>
<tr><td>节能</td><td></td><td></td><td></td></tr>
<tr><td>节水</td><td></td><td></td><td></td></tr>
<tr><td>节地</td><td></td><td></td><td></td></tr>
<tr><td>节人工</td><td></td><td></td><td></td></tr>
<tr><td>职业健康</td><td></td><td></td><td></td></tr>
<tr><td>合计(万元)</td><td colspan="3"></td></tr>
<tr><td rowspan="6">(2)设计深化、方案优化、新技术应用产生经济效益</td><td colspan="2">技术应用或优化内容</td><td colspan="2">应用后或优化后节约费用(万元)(另附计算公式或计算书)</td><td rowspan="7"></td></tr>
<tr><td colspan="2">①……</td><td colspan="2"></td></tr>
<tr><td colspan="2">②……</td><td colspan="2"></td></tr>
<tr><td colspan="2">……</td><td colspan="2"></td></tr>
<tr><td colspan="2">合计(万元)</td><td colspan="2"></td></tr>
<tr><td colspan="2"></td><td colspan="2"></td></tr>
<tr><td>总计(万元)(1)+(2)</td><td></td><td colspan="3"></td></tr>
</table>

第四章 绿色施工科技示范工程量化技术指标计算方法

绿色施工科技示范工程量化技术指标计算方法 **表 11**

<table>
<tr><th>序号</th><th>类别</th><th>项目</th><th>目标控制点</th><th>控制指标</th><th>计算公式</th></tr>
<tr><td rowspan="3">1</td><td rowspan="3">环境保护</td><td>扬尘控制</td><td>PM2.5
PM10</td><td>不得高于气象部门公布数据</td><td>$P1 \leqslant P2$ $P1$ 为监测值;$P2$ 是当地气象公布值。
每日上、下午进行一次数据采集进行对比。
(注:当某监测数据超标时应有说明及采取措施)</td></tr>
<tr><td rowspan="2">噪声控制</td><td>昼间噪声</td><td>监测值≤70dB</td><td>$P1$、$P2$……≤70dB
每日至少一次进行各监测点数据采集 $P1$、$P2$……进行对比。$P1$、$P2$ 为不同点监测值。
(注:当某监测数据超标时应有说明或措施)</td></tr>
<tr><td>夜间噪声</td><td>监测值≤55dB</td><td>$P1$、$P2$……≤55dB
有夜间施工时,每夜一次进行各监测点数据采集 $P1$、$P2$……进行对比。
(注:当某监测数据超标时应有说明或措施)</td></tr>
</table>

续表

序号	类别	项目	目标控制点	控制指标	计算公式
1	环境保护	建筑垃圾控制	排放量	装配式：排放量≤200t/每万 m^2 非装配式：排放量≤300t/每万 m^2	$\sum P \leqslant 200$t/万 m^2（装配式结构） $\sum P \leqslant 300$t/万 m^2（现浇混凝土结构） P 为建筑废弃物；排放量以现场出场排放总重量(t)之和除以总建筑面积（每万平方米）进行动态统计，竣工时计算总量 （注：出场应过磅计量并留存记录）
		有毒、有害废弃物控制	分类收集	有毒、有害废弃物分类收集率达到100％	有毒、有害废弃物分类：废旧电池、墨盒、废旧灯管、废机油柴油、油漆涂料、挥发性化学品等 （注：废弃物应分类建立台账，全数检查）
			合规处理	有毒、有害废弃物达到100％送专业回收点或回收单位处理	材料进场量－使用量－库存量＝废弃量＝处理量 （注：建立废弃物处理台账，全数检查）
		污废水控制	检测排放	污废水100％经检测合格后有组织排放	1. 现场应设置沉淀池、化粪池、隔油池，设置率达到100％。（注：全数检查） 2. 现场每周对排放的污废水进行检测 （注：当检测数据超标时应有说明及采取措施）
		烟气控制	油烟净化处理	工地食堂油烟100％经油烟净化处理后排放	油烟净化处理设备配置率100％ （注：全数检查）
		—	车辆及设备尾气	进出场车辆、设备废气达到年检合格标准	全数检查合格证
		—	焊烟排放	集中焊接应有焊烟净化装置	
		资源保护	文物古迹、古树、地下水、管线、土壤	施工范围内文物、古迹、古树、名木、地下管线、地下水、土壤按相关规定保护达到100％	应100％采取保护措施（注：全数检查）
2	节材与材料资源利用	节材控制	建筑实体材料损耗率	结构、机电、装饰装修主要材料损耗率比定额损耗率降低30％	材料损耗率＝预算损耗率－（预算损耗率×30％）或 材料损耗率＝（预算使用量－实际用量）/预算使用量。 （注：工程理论用量为预算使用量，包含定额损耗量；各类材料损耗率应分别统计）
			非实体工程材料可重复使用率	非实体工程材料可重复使用率不低于70％（重量比） 其中：损耗率＝1－可重复利用率	可重复使用率＝可重复使用的非实体工程材料出场总重量/非实体工程材料进场总重量≥70％。 （注：1. 非实体工程材料包含：临时用房（办公、住宿、集装箱、试验、加工棚）、道路、安全防护、脚手架、模板支撑及木枋（模板除外）、围挡、工程临时样板等临时设施。 2. 各类材料应按重量统计，分别建立台账）
			模板周转次数	模板周转次数不低于6次	分类计算

续表

序号	类别	项目	目标控制点	控制指标	计算公式
2	节材与材料资源利用	材料资源利用	建筑垃圾回收利用率	主要建筑垃圾回收再利用率不低于50%	回收再利用率=(主要建筑垃圾总重量-出场废弃物总量)/主要建筑垃圾总重量 (注:1. 主要建筑垃圾总重量=实体材料损耗量+非实体材料损耗量; 2. 实体及非实体材料产生的建筑垃圾,包括钢筋、木枋、脚手架、混凝土余料、砂浆、砌体、管材、电线电缆、面砖等,按月建立台账; 3. 其他方式产生的建筑垃圾不含在内,如包装袋、瓶罐、墨盒、电池、生活垃圾等应单独按实统计,建立台账并有可追溯性的处理措施)
3	节能与能源利用	节能控制	施工用电	比定额用电量节省不低于10%	(预算用电量-实际用电量)/预算用电量≥10%
			材料运输	距现场500km以内建筑材料用量占比不低于70%	500km以内建筑材料生产总重量/工程建筑材料总重量≥70%(指原产地)
4	节水与水资源利用	节水控制	施工用水	比工程施工设计用水量降低10%(无地下室时8%)	(预算用水量-实际用水量)/预算用水量≥10% (注:预算用水量为施组中工程总用水量)
		水资源利用	非传统水源利用	湿润区非传统水源回收再利用率占总用水量不低于30%;半湿润区非传统水源回收再利用率占总用水量不低于20%	非传统水源使用量/总用水量≥30%(20%) (注:非传统水源包括基坑降水、雨水、洗车水、生活洗漱废水等,应进行计量)
5	节地与施工用地保护	节地控制	施工用地	临建设施占地面积有效利用率大于90%	临建设施占地面积/临时用地总面积≥90% (注:1. 临时用地总面积=用地红线面积-建筑外轮廓线面积; 2. 临建设施占地面积=生活区板房占地面积+办公区板房占地面积+施工区占地面积; 3. 施工区占地面积包括各类设施设备、板房、加工棚、施工道路、围墙等占地面积与结构顶板、内支撑平台、外租场地等增加用地之和)
6	人力资源节约与职业健康安全	人力资源节约	总用工量	总用工量节约率不低于定额用工量的3%	总用工量节约率=1-(实际用工量/定额总用工量)≥3% (注:含各工种作业人员,不包括管理人员)
		职业健康安全	个人防护器具配备	危险作业环境个人防护器具配备率100%	个人防护用具包括:防毒器具、焊光罩、安全帽、安全带、安全绳,配置率达到100% (注:建立个人防护用具台账、合格证、领用记录,全数检查)

续表

序号	类别	项目	目标控制点	控制指标	计算公式
7	环境效益	CO_2 排放量	项目的 CO_2 排放量		C(碳排放量)＝∑C1＋∑C2 C1(材料运输过程的 CO_2 排放量)＝碳排放系数×单位重量运输单位距离的能源消耗×运距×运输量； C2(建筑施工过程的 CO_2 排放量)＝碳排放因子×[∑$C2_1$(施工机械能耗)＋∑$C2_2$(施工设备能耗)＋∑$C2_3$(施工照明能耗)＋∑$C2_4$(办公区能耗)＋∑$C2_5$(生活区能耗)] (注：1. 对于建筑材料碳排放核算，将施工过程中所消耗的所有建筑材料按重量从大到小排序，累计重量占所有建材重量的 90%以上的建筑材料都作为核算项；2. 施工过程的能耗全部作为核算项，但必须按地基基础、主体结构施工、装饰装修与机电安装三个阶段，并分成施工机械、施工设备、施工照明、办公用电、生活用电分别进行统计；3. 物料运输碳排放计算，以《全国统一施工机械台班费用定额》中给定的水平运输机械消耗定额为基础，将运输量与机械台班的产量消耗定额相乘得到能源消耗，然后与各能源碳排放因子相乘；4. 各种能源的碳排放因子采用政府间气候变化专门委员会(IPCC)给出的能源碳排放因子；5. 材料运距指材料采购地距离)

附件 1

《绿色施工科技示范实施方案及推广计划》编制要求

编制框架	编制要求
第一章　工程概况及实施条件分析	包含内容：工程基本信息、工程承包合同关于绿色施工的要求和条件、编制依据(绿色标准规范和地方法规要求)、设计特点、环境和气候条件、绿色施工资源情况、现场有利条件和不利条件分析
第二章　主要考核指标及主要示范内容	1. 遵循【表 1：量化指标值】，结合工程所在地域特点和工程自身特点所设定的，并且在实施中必须要达到的目标，也是验收的重要依据之一。量化指标值必须用具体、明确的数值表达。 2. 主要示范内容针对项目特点和难点而制定。是本项目作为科技示范，具有辐射带动作用、可进行推广的技术、措施或指标
第三章　工作部署	遵循【表 2："绿施科技示范"管理】。第一，制定科技示范实施、研究及推广应用的管理体系、制度和方法；第二，资金投入计划(见附件 2)、检测和监测方法、数据统计方法、分析和自评价方法、推广计划、施工项目 CO_2 排放量的统计分析方法、影响"四节一环保"量化指标的新技术新工艺立项报告等；第三、管理和研究计划时间表；第四、环境安全与职业健康工作部署；第五、"双优化"策划；第六、绿色施工技术应用计划及拟进行的技术攻关内容及形成自主创新技术的计划。重点是施工现场扬尘、噪声和固体废弃物等污染物的排放源、定量数据、影响及控制技术研究计划和推动施工现场材料、水、电等资源节约与高效利用，以及建筑垃圾减量化技术研究计划

续表

编制框架	编制要求
第四章 环境保护方案	遵循【表4:环境保护】,提出技术指标目标值;提出拟实施“技术公告”中的技术和其他应用技术;结合工程特点和现场条件拟定完成相关考核指标的措施、方法和技术。重点拟定施工现场扬尘、噪声和固体废弃物等污染物的排放源控制技术措施以及建筑垃圾减量化、无害化及资源化利用技术及措施
第五章 节材与材料资源利用方案	遵循【表5:节材与材料资源利用】,提出技术指标目标值;提出拟实施“技术公告”中的技术和其他应用技术;结合工程特点和现场条件拟定完成相关考核指标的措施、方法和技术。重点拟定推动施工现场材料资源节约与高效利用,以及建筑垃圾无害化及资源化利用技术研究计划
第六章 节能与能源利用方案	遵循【表6:节能与能源利用】,提出技术指标目标值;提出拟实施“技术公告”中的技术和其他应用技术;结合工程特点和现场条件拟定完成相关考核指标的措施、方法和技术。重点拟定推动施工现场能源节约与高效利用技术研究计划
第七章 节水与水资源利用方案	遵循【表7:节水与水资源利用】,提出技术指标目标值;提出拟实施“技术公告”中的技术和其他应用技术;结合工程特点和现场条件拟定完成相关考核指标的措施、方法和技术。重点拟定推动施工现场水资源节约与高效利用技术研究计划
第八章 节地与施工用地保护方案	遵循【表8:节地与施工用地保护】,提出技术指标目标值;提出拟实施“技术公告”中的技术和其他应用技术;结合工程特点和现场条件拟定完成相关考核指标的措施、方法和技术
第九章 人力资源节约与职业健康安全	遵循【表9:人力资源节约与职业健康安全】,提出技术指标目标值;提出拟实施“技术公告”中的技术和其他应用技术;结合工程特点和现场条件拟定完成相关考核指标的措施、方法和技术,推动工程施工环境改善及施工人员健康安全保障的技术进步
第十章 项目技术成果推广计划	推广的组织、推广的范围、推广的形式、预期效果

附件2

资金投入计划

序号	绿色施工措施			资金投入	备注
	绿色施工分类		具体举措		
1	环境保护	扬尘治理	洗车机、木工加工棚等	×××元	
		光污染治理		×××元	
		噪声控制		×××元	
		有害气体排放控制	……	×××元	
		废弃物排放控制	……	×××元	
		水土污染控制	……	×××元	
		其他	……	……	
2	节材与材料资源利用	周转材料使用	定型化防护等	×××元	
		再生资源利用	……	×××元	
		新技术、新设备、新材料、新工艺的采用	……	×××元	
		其他	……	……	

续表

序号	绿色施工措施			资金投入	备注
	绿色施工分类		具体举措		
3	节能与能源利用	节能措施		×××措施投入×××元	
		机械设备与机具	……	×××措施投入×××元	
		临建设施		×××措施投入×××元	
		施工用电及照明	……	×××措施投入×××元	
		其他	……	……	
4	节水与水资源利用	提高用水效率		×××措施投入×××元	
		非传统水源利用		×××措施投入×××元	
		其他	……	……	
5	节地与施工用地保护	施工用地保护		×××措施投入×××元	
		其他	……	……	
6	人力资源节约与职业健康安全	人力资源节约			
		职业健康安全			
7	绿色施工创新技术研发与应用	所属分类（五节一环保）	……		
合计投入				×××元	

注：如同一施工措施列入“四节一环保”中多个项目时，“资金投入”栏只计入1次。

附件 10　绿色施工技术推广目录

关于发布《绿色施工技术推广目录》的通知

各有关单位：

为践行绿色发展理念，贯彻落实住房和城乡建设部“十三五”发展规划工作部署，进一步推动建筑施工环节科技进步，做好绿色施工科技成果推广应用和住房和城乡建设部绿色施工科技示范工程的实施指导工作。按照住房和城乡建设部建筑节能与科技司的统一部署，我会在住房和城乡建设部委托开展的《绿色施工技术推广应用研究》课题研究成果的基础上，组织编制了《绿色施工技术推广目录》（以下简称《推广目录》），现予发布。

请各相关单位，全面了解并准确把握《推广目录》的内容，提高对绿色施工科技示范工程的认识，积极推进《推广目录》相关技术在住房城乡建设部绿色施工科技示范工程中推广应用，以增强企业绿色施工技术应用与创新能力，促进建筑企业转型升级。并给相关建设行政主管部门出台倡导和推动绿色施工发展的政策和规范标准提供依据。

附：绿色施工技术推广目录

中国土木工程学会总工程师工作委员会

2018 年 4 月 26 日

绿色施工技术推广目录

中国土木工程学会总工程师工作委员会

2018 年 4 月

前　言

发展绿色建筑是落实国家“十三五”发展规划的重要举措。建筑施工阶段是实现建筑全生命期绿色发展的重要环节，施工阶段技术创新和建设模式创新是建筑施工阶段实现绿色发展目标的基础支撑，是实现建筑行业转型升级的重要保障。

近些年来，各级住房城乡建设行政主管部门相继出台了倡导和推动绿色施工发展的政策和标准。住房城乡建设部也开展了一大批绿色施工科技工程示范，推动了绿色施工新技术的创新研发与应用，形成了一批较为成熟的绿色施工技术，取得了一定的社会、经济和环境效益。以此为基础，为充分发挥示范工程的辐射带动作用，进一步鼓励建筑施工领域技术创新，推动建筑施工环节科技进步，指导施工企业利用技术创新最大限度地节能、节地、节水、节材，保护环境和减少污染，为实现建筑全生命期绿色发展目标做出贡献，住房城乡建设部组织业内专家专项开展绿色施工技术推广应用研究。通过对全国 30 个省近 2000 个工程项目的绿色施工技术历时一年的研究，总结了行业开展绿色施工科技创新成果，筛选提炼出一批绿色施工技术。经专家论证和住房城乡建设部公示，最终选定 77 项先进适用绿色施工技术列入《绿色施工技术推广目录》（以下简称《推广目录》）。《推广目录》包括了近些年来行业创新研发应用并具有明显绿色发展效果的施工新技术、新材料、新工艺、新设备，也包括已应用多年、绿色施工效果明显，但还未能替代传统施工技术、工艺，没有进行大面积推广应用的技术。此外，该《推广目录》还考虑到了我国幅员辽阔，各地自然地理条件、地质环境条件、建筑规模不同等因素，体现出绿色施工技术地域差异性及技术发展重点区域性特征。

目　　录

绿色施工技术推广目录

序号	技术名称	主要技术性能和施工要点	适用条件及范围	绿色施工效果	应用要求
一、基坑支护技术					
1	地下封闭止水帷幕技术	采用水泥土、钢板桩或混凝土等作为屏蔽地下水对基础施工影响的施工工艺，分为基坑侧壁帷幕或基坑侧壁帷幕＋基坑底封底截水。包括高压喷射水泥土止水帷幕、搅拌水泥土止水帷幕、长螺旋旋喷搅拌水泥土桩止水帷幕、地下连续墙止水帷幕、钢板桩止水帷幕、混凝土咬合桩止水帷幕等。减少周边场地和建构筑物沉降	适用于地下水位高于基底标高、需要进行地下水处理的场地	环保：减少地下水抽排、保护地下水资源	应依据基坑、地下水控制等相关规范标准要求实施
2	两墙合一地下连续墙技术	地下连续墙在基坑施工阶段作为围护结构，起挡土和止水作用，在永久使用阶段作为地下室主体结构外墙，起竖向承载和水平承载作用。通过与地下结构内部水平梁板构件的有效连接，不再另外设置地下结构外墙。两墙合一，集挡土、止水、防渗和地下室结构外墙于一体，具有显著的技术和经济效果。 排桩一般适用于7～25m深基坑工程；地下连续墙适用于基坑开挖深度大于10m、周围建筑或地下管线对变形控制要求较高，或地下水情况复杂时	适用于基坑周边环境条件复杂的深基坑施工	1. 节材：节省地下室外墙混凝土量； 2. 节地：地下室外墙利用地连墙，节省建造空间； 3. 环保：减少土方开挖与回填，控制变形能力强，保护周边建筑和管线； 4. 高效安全：促进逆作法技术发展，加快施工进度，降低造价	应依据基坑等相关规范标准要求实施
3	土钉墙支护技术	土钉墙是一种原位土体加筋技术，其构造为在坡体中设置加筋杆件（即土钉）使周围土体牢固粘结形成复合土体，结合面层构造形成类似重力挡土墙的支护结构。土钉墙墙面坡度不宜大于1∶0.1，土钉必须和面层有效连接，应设置通长压筋、承压板或加强钢筋等构造措施并与土钉牢固连接。 通过与预应力锚杆、水泥土桩、微型桩等结合使用，构成复合土钉墙。 土钉墙和复合土钉墙施工方便，应用灵活，适用性强，无泥浆污染，在可使用情况下，比排桩支护大量节约材料，比大放坡开挖节约用地和减少渣土消纳，经济节省环保	1. 一般适用于基坑侧壁安全等级为二或三级的基坑； 2. 单一土钉墙适用于地下水位以上或降水的非软土基坑，且基坑深度不宜大于12m； 3. 预应力锚杆复合土钉墙适用于地下水位以上或降水的非软土基坑，且基坑深度不宜大于15m； 4. 采用水泥土桩或微型桩复合土钉墙适用于地下水位以上或降水的非软土基坑时，基坑深度不宜大于12m，用于淤泥质土基坑时，基坑深度不宜大于6m	1. 节材：比排桩方案、地连墙方案节省混凝土和钢筋使用； 2. 节地：比大放坡方案节约用地； 3. 环保：施工不用泥浆，减少大开挖的渣土消纳	应依据基坑等相关规范标准要求实施

续表

序号	技术名称	主要技术性能和施工要点	适用条件及范围	绿色施工效果	应用要求
4	逆作法施工技术	按照地下结构从上至下的工序先浇筑楼板，再开挖该层楼板下的土体，然后浇筑下一层的楼板，开挖下一层楼板下的土体，这样一直施工至底板浇筑完成。在地下结构施工的同时进行上部结构施工。上部结构施工层数，则根据桩基的布置和承载力、地下结构状况、上部建筑荷载等确定	适用于工期紧张，周边环境保护要求高，缺少施工场地的深基坑工程项目	1. 节约工期：由于地上地下同时施工，将大大缩短工期； 2. 环保：大大减少噪声、扬尘及光污染，改善工人作业环境质量	应依据基坑、内支撑、结构工程施工等相关规范标准要求实施
5	半逆作法施工技术	地下结构与全逆作法相同，按从上至下的工序逐层施工，待地下结构完成后再施工上部主体结构。在软土地区因桩的承载力较小，往往采用这种施工方法	软土地基条件下的深基坑	1. 环保：减少基坑变形引起的周边环境损害； 2. 节地：优先施工顶板后作为施工场地，减少对建设用地的需求； 3. 节材、环保：大量减少支撑带来的材料浪费及拆撑时形成了大量有害建筑垃圾	应依据基坑、内支撑、结构工程施工等相关规范标准要求实施
6	逆作法一柱一桩技术与立柱桩调垂技术	一柱一桩是指一根结构柱位置布置一根支承柱和支承桩的竖向支承结构型式，竖向支承柱在埋置入支承桩的工程中需要利用调控装置控制支承柱垂直度的施工技术	软土地基下的钻孔灌注桩施工	节材、环保：减少由于垂直度偏差造成的返工及减少凿打产生混凝土垃圾	应依据基坑、内支撑、结构工程施工等相关规范标准要求实施
7	逆作法垂吊模板技术	采用悬挂在上层结构上的模板系统浇捣地下室结构混凝土	逆作法模板工程	节材、环保：减少钢管支承带来的材料浪费及拆撑时形成的大量垫层混凝土垃圾	应依据基坑、内支撑、结构工程施工等相关规范标准要求实施
8	逆作法回筑技术	后期地下竖向结构施工时，在与水平结构预留钢筋连接、混凝土配合比、设置浇捣孔或者喇叭口等一系列专有结构施工措施，来浇灌后期结构混凝土	后期竖向结构混凝土结构施工	环保：减少混凝土振捣产生的噪声污染	应依据基坑、内支撑、结构工程施工等相关规范标准要求实施
9	盖挖逆作法施工技术	由地面向下开挖至一定深度后，将顶部采用盖板封闭，其余的下部工程在封闭的顶盖下进行施工。地下结构与全逆作法相同，按从上至下的工序逐层施工，待地下结构完成后再施工上部主体结构	地下施工穿越公路、道路、建筑障碍物等工程	1. 环保：减少基坑变形引起的周边环境损害； 2. 节地：盖板封闭后作为临时场地使用； 3. 节材、环保：大量减少支撑及拆撑的材料浪费及形成的建筑垃圾	应依据基坑、内支撑、结构工程施工等相关规范标准要求实施

续表

序号	技术名称	主要技术性能和施工要点	适用条件及范围	绿色施工效果	应用要求
10	逆作法施工安全及作业环境控制技术	逆作法半封闭基坑环境下，在施工过程中的安全与降噪、除尘和空气污染防护、照明及电力设施的综合管控技术。在排气通风、照明与电力方面形成成套产品与方法	逆作法基坑工程	环保：基坑施工减少了对周边环境影响，控制扬尘与光污染	应依据基坑、内支撑、结构工程施工等相关规范标准要求实施
11	工具式钢结构组合内支撑施工技术	利用组合式钢结构构件截面灵活可变、加工方便、施工速度快、支撑形式多样、计算理论成熟、施工安全、适用性广的特点，可在各种地质情况和复杂周边环境下使用。工具式钢结构组合内支撑可拆卸重复利用，周转次数多	适用于采用内支撑的基坑支护工程	1. 节材：材料可多次循环利用； 2. 环保：减少垃圾产生、减少噪声； 3. 功效高	应依据基坑、钢结构等相关规范标准要求实施
12	套管跟进锚杆施工技术	套管与钻杆同时钻进，避免坍塌孔，保证成孔效率；先注浆后拔管，确保注浆质量，保证锚杆锚固力	1. 地下水丰富、流砂、砂卵石等难以成孔地层的锚杆施工； 2. 采用双套管法可用于岩溶地层锚杆施工	1. 环保； 2. 节材	应依据基坑、锚杆、机械操作、用电安全等相关规范标准要求实施
13	泥浆分离循环系统施工技术	泥浆通过管道输送到地连墙槽段，完成混凝土灌注后通过回收管道回流到泥浆罐，二次搅拌配置后重复多次利用，大幅度减少水和膨润土使用量，大大提高功效，保证施工质量同时降低造价	适用于钢筋混凝土地下连续墙成槽施工	环保：减少废弃泥浆排放及配置材料的使用	应依据基坑等相关规范标准要求实施
二、地基与基础工程技术					
14	水力吹填技术	采用高压水流对要开挖或搬运的土体进行切割，形成水泥浆或水砂混合液，用泥浆泵配合输泥管输送到规划填筑区进行落淤、沉积、固结，形成堤坝或建设场地。不需修筑施工道路，节约大量土石方和土地占用、减少耕地、林地的占用和破坏	有水力充填条件、土石方难以获得情况下的建设场地或堤坝形成	节地：减少土地占用和破坏	应根据相关文件编制相应的施工指导文件后实施
15	全套管钻孔桩施工技术	采用全回转或搓管技术进行全套管钻进，在套管中采用抓斗或旋挖设备取土成桩	适用于易坍塌、溶洞空洞区难以成孔，或需特殊保护周边环境变形的情况下灌注桩施工	1. 节材：减少混凝土消耗； 2. 节水、环保：减少泥浆使用	应依据灌注桩施工等相关规范标准要求实施
16	基础底板、外墙、后浇带超前止水技术	在基础底板或外墙的后浇带底部和外侧增加一道混凝土预防水板（墙），板（墙）中设伸缩缝和止水带，在基础工程完成后进行外墙防水、土方回填等后续工作。当上部结构荷载能够抵抗地下水浮力时，可在后浇带封闭前停止降水	适用于设置后浇带并采用降水处理地下水的项目	1. 环保：缩短抽水时间，保护地下水资源； 2. 质量：提高地下工程防水质量	应依据基坑、基础施工等相关规范标准要求实施

续表

序号	技术名称	主要技术性能和施工要点	适用条件及范围	绿色施工效果	应用要求
三、钢筋工程技术					
17	高强钢筋应用技术	将HRB400高强钢筋作为结构的主力配筋，在高层建筑柱与大跨度梁中积极推广HRB500高强钢筋，将小直径的HPB 300、HRB335钢筋用于构造配筋。通过推广应用高强钢筋，平均可减少钢筋用量约12%～18%，具有很好的节材作用。对高强钢筋的连接（直径大于18mm）应采用直螺纹连接技术，对高强钢筋的锚固应优先采用机械锚固技术	适用于钢筋混凝土结构工程	节材：节省钢筋使用量约12%～18%	应依据钢筋混凝土设计施工规范标准要求实施
18	全自动数控钢筋加工技术	微电脑控制，配备完善的液压系统，全自动运行，完成钢筋调直、切断、弯钩和弯箍等自动化加工，加工精准、效率高，运行平稳，高效适用，操作方便	适用于大批量钢筋工程	1. 节材：加工精准，减少损耗； 2. 环保：降低人员劳动强度，工效高	应依据钢筋混凝土设计施工规范标准要求实施
19	钢筋焊接网片技术	采用冷轧带肋钢筋（直径5～12mm，屈服强度400～500MPa）用工厂化方式制作，由计算机自动控制多头点焊的焊网机焊接成型。钢筋间距为100～200mm，网片的最大尺寸为3.3m×12m。网片在施工现场直接铺设，显著提高钢筋工程质量，降低现场钢筋安装工时，缩短工期	适用于工业与民用建筑中现浇钢筋混凝土结构和预制构件的配筋，特别适用于房屋的楼板、屋面板、地坪、墙体的配筋	节材：工厂化加工制作，减少损耗，大大提高网片铺设施工效率	应依据钢筋混凝土设计施工规范标准要求实施
20	钢筋集中加工配送技术	采用信息化、专业化、规模化、工厂化加工，以商品化配送的现代钢筋加工方式，提高钢筋加工效率，提高钢筋工程质量，并可节约钢筋用量5%。采用成型钢筋配送可减少现场绑扎作业。与传统施工现场钢筋加工方式相比，可有效地节约施工现场临时用地	适用于建筑工程、桥梁工程、隧道工程等现浇钢筋混凝土工程的钢筋工厂预加工和配送	1. 节材：工厂化加工配送，减少损耗，可节约钢筋用量约5%； 2. 节地：节约现场施工用地； 3. 提高加工质量和效率	按照《混凝土结构成型钢筋应用技术规程》JGJ 366-2015和《混凝土结构用成型钢筋》JGJ 226-2008实施
四、混凝土工程技术					
21	清水混凝土施工技术	包括普通清水混凝土和饰面清水混凝土。普通清水混凝土一次浇筑成型，免抹灰。饰面清水混凝土直接由结构主体混凝土本身的肌理、质感和精心设计施工的明缝、蝉缝和对拉螺栓孔等组合而形成一种自然状态装饰面	适用于普通和饰面清水混凝土工程	1. 节材：一次成型、免抹灰、免装饰； 2. 环保：减少装修污染	应依据钢筋混凝土设计施工规范标准要求实施
22	自密实混凝土施工技术	通过复合型外加剂、优质掺合料、粗细骨料的选择与合理级配及精心的配合比设计，使混凝土拌合物实现高流动性与高填充性，减少振捣，混凝土硬化后具有良好的力学性能和耐久性	适用于形体复杂、配筋密集、薄壁、钢管混凝土等受施工操作空间限制的工程结构，或对振捣噪声有严格限制的环境	1. 环保：减少振捣噪声； 2. 施工质量好，效率高	应依据钢筋混凝土设计施工规范标准要求实施

续表

序号	技术名称	主要技术性能和施工要点	适用条件及范围	绿色施工效果	应用要求
23	严寒地区混凝土养护技术	1. 辐射采暖混凝土养护技术：在预浇筑混凝土的部位提前敷设辐射采暖管道；浇筑混凝土前，进行采暖管道供暖，预热钢筋和模板，混凝土浇筑后，继续给采暖管供热，保证混凝土的养护温度；2. 热风幕应用技术：于暖棚内设置热风幕，热风幕持续发热，代替焦炭炉保证暖棚内温度	适用于严寒地区冬期施工中混凝土结构养护	环保：摒弃焦炭使用	应编制应用指导文件指导实施
五、钢结构工程技术					
24	钢结构整体提升技术	将钢结构在低位进行全部或局部组装成型后，再利用“液压同步提升技术”将组装完毕的结构整体提升到位。整体提升技术可减少在高空拼装焊接带来的安全危险，避免高空焊接的质量缺陷，节约大量高空支架与大型吊装设备	适用于钢结构屋盖工程施工	1. 节材：减少安装支架用量； 2. 节能：减少大型吊装设备使用	按照《空间网格结构技术规程》JGJ 7-2010
25	钢结构高空滑移安装技术	是在建筑物的一侧搭设拼装平台，在建筑物两边（和/或跨中）铺设滑道，构件在拼装平台上分条组装后用牵引设备分条滑移或整体累积滑移，牵引系统由为卷扬机、液压千斤顶或顶推系统等，由控制中心进行滑移同步控制。滑移到位、结构整体安装完毕后，卸载就位拆除滑道、支座就位。可分为结构直接滑移、结构和胎架一起滑移、胎架滑移等多种方式。可减少在高空拼装焊接带来的安全危险，避免高空焊接的质量缺陷，节约大量高空支架与大型吊装设备	适用于钢结构屋盖工程施工	1. 节材：减少安装支架用量； 2. 节能：减少大型吊装设备使用	按照《空间网格结构技术规程》JGJ 7-2010
六、模板与脚手架技术					
26	铝合金模板施工技术	在现场运用标准、定位式的组装方式完成组模程序，并采用工具式早拆支撑体系，具有模板安装施工速度快、拆模简捷、倒模效率高、周转次数多、混凝土成型平整光洁、表面质量好等特点。并且大幅度减少建筑垃圾、构件表面实现免抹灰、铝模板回收简便	适用于标准化程度较高的高层建筑	1. 节材：免除抹灰湿作业，周转使用； 2. 环保：减少建筑垃圾产生	应编制应用指导文件指导实施
27	塑料模板施工技术	周转次数多，安装施工速度快、拆模简捷、倒模效率高、混凝土成型光洁、表面质量好，大幅度减少建筑垃圾，构件表面实现免抹灰。可回收二次利用，节约材料	适用于钢筋混凝土施工	节材：免除抹灰湿作业，周转次数多，可回收二次利用	应编制应用指导文件指导实施

续表

序号	技术名称	主要技术性能和施工要点	适用条件及范围	绿色施工效果	应用要求
28	定型模壳施工技术	楼板采用定型模壳，可减少混凝土用量。模壳可采用多种材料，如：玻璃纤维增强水泥砂浆、塑料等。在现浇混凝土楼盖结构中采取免拆工艺，在楼盖内按设计要求每隔一定间距，放置定型模壳后，绑扎梁板钢筋、最后浇筑混凝土	适用于大跨度建筑楼板施工	1. 节材：减少混凝土用量； 2. 工效高	应编制应用指导文件指导实施
29	早拆模板施工技术	在施工阶段把支模跨度减小，使模板能够早拆，而结构的安全度又不受影响，加速模板、支撑等周转	适用于建筑工程梁板结构，桥、涵等市政工程的结构顶板的施工	节材：减少模板支撑投入，加快周转	按照《模板早拆施工技术规程》DB 11/694-2009 实施
30	预制混凝土薄板胎膜施工技术	将承台、底板施工采用预制混凝土薄板胎膜，代替砖胎膜。混凝土薄板通过平面钢片、转角钢片与预留孔眼进行螺栓连接，以快速简便的方式在垫层上装配，形成具有一定强度和刚度，能够承受侧向水土压力且内面光滑的混凝土构件胎膜	适用于支模高度不大于1500mm的承台、底板或者基础梁，以及类似地下埋入构件的胎膜施工	1. 节材：采用薄预制构件，代替砖胎膜； 2. 环保：减少湿作业； 3. 高效	应编制应用指导文件指导实施
31	覆塑模板应用技术	采用木质材料的环保胶水、表面采用PP膜，对环境的影响比较小且耐用性好，重复利用率高。混凝土成型质量好、可达到清水混凝土效果，易脱模、周转次数多	适用于混凝土结构工程	1. 节材：免抹灰，可周转使用； 2. 环保：不用脱模剂	应编制应用指导文件指导实施
32	压型钢板楼板免支模施工技术	压型钢板自重轻、强度高、刚度好，安装方便、工效高，作为楼板底模，构成组合楼板，一般不需搭设满堂脚手架，可同时多层施工，加快施工进度	适用于楼盖结构（多用于钢结构）施工	1. 节材：节省模板，施工速度快； 2. 环保：减少建筑垃圾产生	按照《建筑用压型钢板》GB/T 12755-2008 实施
33	布料机与钢平台一体化技术	整体爬升平台采用整体全封闭式的钢平台系统和脚手架系统，由动力设备驱动，通过支撑系统与爬升系统交替支撑进行爬升和模板作业。布料机通过专用底座固定于钢平台顶部，与整体爬升平台一体化协同爬升与施工。整机采用多段模块化设计方法和快速连接技术，吊运与安装快捷方便；布料机具有多向可调性，可根据核心筒体型灵活布置，并通过自动控制系统操控布料动作，通常回转半径范围在24～32m，实现浇筑区域全覆盖；布料机的末端连接输送软管，可局部调整布料点；输送管道清洗采用直接水洗，通过废料箱承接系统废料。该技术显著提升混凝土浇筑能力和效率，满足复杂核心筒建造的高效布料要求	适用于高层建筑、高耸构筑物混凝土结构施工	1. 环保：改善工作环境、减少环境污染； 2. 节能：减少塔式起重机使用	应编制应用指导文件指导实施

续表

序号	技术名称	主要技术性能和施工要点	适用条件及范围	绿色施工效果	应用要求
34	布料机与爬模一体化技术	核心筒平台式布料机自带钢平台底座，与核心筒爬模上架体通过锚固连接件进行连接并传递施工荷载，在爬模爬升时同步带动其爬升。具有自重轻、不单独设置爬升动力系统、可灵活吊装周转使用等优点	适用于混凝土筒体结构爬模施工	节能：减少塔式起重机使用	应编制应用指导文件指导实施
35	自爬式卸料平台施工技术	附着式可伸缩升降平台设备化，消除了临时搭设卸料平台作业的随意性；用型钢替代钢丝绳受力，消除现场钢丝绳紧固的不确定性；依托竖向设置的导轨，卸料平台可自行升降，不占用塔式起重机	适用于采用附着式升降脚手架的高层建筑在二次结构施工时的卸料作业	安全高效：自行安全爬升，不占用塔式起重机	符合施工现场安全规范标准要求
36	整体提升电梯井操作平台技术	操作平台可整体提升，支撑主梁可伸缩设计，适用于不同尺寸电梯井道需求。将支腿、支撑主梁、硬性防护平台拼装完成后，安装至预留孔洞位置。在硬性防护平台上搭设钢管操作架，形成一个整体，通过支撑主梁上的吊点进行整体吊装提升	适用于钢筋混凝土电梯井筒施工	1. 节材：材料投入少； 2. 安全	应编制应用指导文件指导实施
37	钢网片脚手板技术	采用钢网片代替木（竹）脚手板，可周转使用，并有防火性能	适用于建筑脚手架工程	1. 节材：节约木材，周转使用； 2. 安全防火	应编制应用指导文件指导实施
38	装配式剪力墙结构悬挑脚手架技术	装配式结构的外墙全部采用装饰面层、保温层和结构层于一体的预制构件形式，为尽量减少对保温层和饰面砖层的破坏，悬挑架尽可能的布置在门窗洞口处。另外，预制外墙板下部800mm范围内为连接区，工字钢穿外墙时需避开该区域，因此须在楼板上加设支腿，将工字钢梁垫高、悬挑	适用于装配式剪力墙结构	节材：悬挑结构减少架体材料投入，可多次周转使用	应编制应用指导文件指导实施
39	承插型盘扣式钢管脚手架技术	承插型盘扣式钢管支架由立杆、水平杆、斜杆、顶托、托座通过一定的连接方式形成几何不变支撑体系。立杆采用套管或插管连接，水平杆和斜杆通过杆端扣接头卡入8孔连接盘，用楔形插销连接，立杆顶部插入可调托撑用于支撑上部荷载，底部插入可调底座将荷载传递于基础。主要特点：1. 安全可靠；2. 搭拆快、易检查、易管理；3. 综合成本低（可减少用钢量、提高工效、节约工期、节省劳动力、降低损耗）；4. 适用面广	适用于脚手架和模板支撑系统；各类钢结构施工现场拼装的承重架；临时看台、临时舞台、临时人行天桥等临时设施的支架结构	1. 节材：比传统脚手架减少支架用钢量约30%，降低损耗； 2. 提高工效	按照《建筑施工承插型盘扣式钢管支架安全技术规程》JGJ 231-2010实施

续表

序号	技术名称	主要技术性能和施工要点	适用条件及范围	绿色施工效果	应用要求
40	集成式爬升模板技术	由模板系统、工具式架体、提升系统、模板开合牵引系统组成，以钢筋混凝土核心筒墙体为支承主体，将承力机构与工具式架体结合在一起，依靠自升式爬升模架使模板及防护架体完成提升、就位、校正和固定等工序	适用于核心筒剪力墙高层建筑结构施工	1. 节材：模板材料投入少； 2. 节能：减少塔式起重机使用	按照《液压爬升模板工程技术规程》JGJ 195-2010、《液压升降整体脚手架安全技术规程》JGJ 183-2009 和《建筑施工工具式脚手架安全技术规程》JGJ 202-2010 实施
41	附着式升降脚手架技术	主要由附着升降脚手架架体结构、导轨、附着支座、防倾装置、防坠落装置、升降机构及控制装置等构成。脚手架用量少、升降速度快、安全防护好	适用于高层建筑外立面造型及层高相对规则，无较大变化的主体结构施工	1. 节材：比传统脚手架减少用钢量约70%； 2. 安全高效	应编制应用指导文件指导实施
42	钢木龙骨技术	采用钢或钢木组合龙骨代替木枋或改良木枋龙骨，适用性强、使用率高	适用于混凝土结构的梁、板施工	1. 节材：周转次数多； 2. 环保：减少建筑垃圾	应编制应用指导文件指导实施
43	内隔墙与内墙面免抹灰技术	1. 建筑内隔墙采用ALC板等高质量条板安装，无需抹灰粉刷，采用条板隔墙免抹灰技术；2. 墙体采用高品质砂加气混凝土砌块等，砌筑工艺采用干法薄层砂浆等清水墙施工工艺，保证墙体的表面平整度与垂直度，墙体砌筑完成后可以免去砂浆找平工序，直接进行薄腻子批嵌找平施工技术；3. 混凝土墙体采用如铝合金模板、塑料复合模板等浇筑施工的高平整度墙面，可以采用免抹灰、直接薄腻子批刮找平技术	适用于建筑内隔墙、墙面施工	节材：免抹灰	应编制应用指导文件指导实施
七、信息技术					
44	远程监控管理技术	采用物联网、计算机网络通信、视频数字压缩处理和视频监控等技术，通过安装在施工作业现场的各类传感装置，构建智能监控和防范体系，实现对人、机、料、法、环的全方位实时监控。该技术的施工要点在于监控设备的选型和监控点的布置，实用性及安全性强，易管理及维护，避免物料丢失造成的工程成本增加	适用于施工现场质量安全管理	现场管理效率高、成效好、可追溯	应编制应用指导文件指导实施

续表

序号	技术名称	主要技术性能和施工要点	适用条件及范围	绿色施工效果	应用要求
45	绿色施工在线监控技术	1. 通过物联网技术对建筑工地实施24h监控并实时传输数据；2. 系统由数据采集器、传感器、视频监控系统、无线传输系统、后台处理系统及信息监控平台组成；3. 系统可对用电设备、用水设备、噪声、扬尘等数据采集点进行自动采集，并对环境PM2.5与PM10、环境温湿度、风速风向等分别监控与监测；4. 系统防风、防雨、防尘，可自由设定采集时间间隔、高灵敏度液晶显示、支持无线传输及在多个终端设备访问；5. 通过对数据采集分析，可对水电消耗和环境指标情况进行统计分析，对环境监测发出预警信号，当扬尘超标时智能系统将会报警；6. 采集数据真实可靠，促进项目精细化管理	适用于施工现场实时数据的在线监测	绿色施工综合效益显著	应编制应用指导文件指导实施
46	建筑信息模型(BIM)技术	运用BIM技术，建立工程全专业模型，用于技术管理与项目管理。在技术管理方面用于项目施工组织设计与方案优化、辅助图纸会审与深化设计、施工场地布置、机电管线碰撞检查与优化、施工过程模拟控制，优化细部设计等；在项目管理方面用于进度管理、材料管理、成本管理、质量管理与工程验收。BIM技术应用中应倡导BIM信息模型从设计、施工到运维的全过程，提高BIM技术应用的效率与技术水平	适用于工程施工技术与项目管理	绿色施工综合效益显著	应编制应用指导文件指导实施
八、施工设备应用技术					
47	变频施工设备应用技术	应用变频施工机具设备，减少能耗，运行平稳，提高工效	适用于施工现场	节能：降低能耗约30%	按照设备使用说明书操作
48	混凝土内支撑切割技术	对拟切除的混凝土实体进行分格，用金刚石薄壁钻或绳锯进行切割，采用水冷却，降温、降尘	适用于基坑工程混凝土内支撑拆除	环保：减少噪声和粉尘污染，改善工人作业环境质量	应编制应用指导文件指导实施
49	电力车应用技术	能够有效在施工现场进行水平运输	适用于在楼层内及隧道中进行材料运输	环保：减少废气排放，改善工人作业环境质量	在楼层运输应进行承载力验算，并编制相应的应用文件

续表

序号	技术名称	主要技术性能和施工要点	适用条件及范围	绿色施工效果	应用要求
50	超高层施工混凝土泵管水气联洗技术	泵管清洗是混凝土泵送施工中的重要环节。常规方式有水洗(水压大、风险高、耗水多)、气洗(操作烦、效率低、危险大)。 水气联洗技术是在泵管末端安装特制的水气联洗接头。接头中用两个海绵柱夹0.5m长水柱,利用混凝土自重和压缩空气将泵管中混凝土自上而下推出管道,海绵柱和水柱通过管道时将泵管内壁清洗干净。 水气联洗技术可克服现有清洗方式安全隐患大、堵管风险高、资源浪费大等问题	超高层施工混凝土泵管清洗作业	1. 节水:500m高建筑每次洗管节水5m³; 2. 环保高效,节能减排	应依据《混凝土泵送技术规程》JGJ/T 10、《混凝土结构工程施工质量验收规范》GB 50204编制施工文件
九、永临结合技术					
51	施工道路永临结合技术	施工道路尽量与永久道路结合,提前施工正式道路基层,用于临时道路使用,节省施工投入	适用于施工现场临时道路工程	节材	
52	利用消防水池兼做雨水收集永临结合技术	上部结构施工时利用地下室消防水池及雨水蓄水池,加设加压泵,将收集雨水作为施工用水,用于路面洒水、降尘、混凝土养护和临时消防	本技术适用于房屋建筑地下室有消防水池的建筑	1. 节材:减少临时设施投入; 2. 节水:减少传统水用量	应编制应用指导文件指导实施
53	消防管线永临结合技术	利用建筑正式消防管线,作为施工阶段临时消防用水的管线,避免重复施工,节约材料。使用时特别应注意成品保护	适用施工现场临时消防管线	节材	
十、临时设施装配化和标准化技术					
54	加工棚降噪应用技术	施工现场加工棚内安装吸声降噪设备或材料,有效封闭、降低场内噪声,吸声降噪材料和设备应能防火或采取有效的防火措施	木工棚、专业设备加工棚等	环保:降低噪声排放,并改善作业环境质量	应编制应用指导文件指导实施
55	预制混凝土板临时路面技术	对施工工地的车行道、临时道路或临时场地,采用预制混凝土板路面,路面材料周转使用,避免施工路面混凝土后期破碎,减少建筑垃圾。混凝土板相关参数要根据道路使用情况进行选型,并保证路基质量和满足排水技术要求	临时施工道路和场地	1. 节材:材料可多次周转使用,成本降低约35%~40%; 2. 环保:大大减少建筑垃圾	应编制应用指导文件指导实施

续表

序号	技术名称	主要技术性能和施工要点	适用条件及范围	绿色施工效果	应用要求
56	拼装式可周转钢制（钢板和钢板路基箱）路面应用技术	包括钢板路面和钢板路基箱两种。钢板路面：根据现场路宽按模数加工钢板。场地平整夯实碾压（考虑排水），布设穿线、穿管，铺设水稳层，安放钢板路面，加强钢板间的固定及连接。钢板路基箱：由钢板和型钢组合而成钢板箱体，构造坚固，安拆方便，施工快速，无污染，可循环利用	临时施工道路	1. 节材：多次循环利用； 2. 环保：大大减少建筑垃圾	应编制应用指导文件指导实施
57	临时设施与安全防护的定型标准化技术	临时设施与安全防护标准化、工具化、定型化，按照一定模数生产，多次周转使用。 临时设施包括：工具式加工车间、集装箱式标准临建房、集装箱式标准养护室、可周转活动房、可周转建筑垃圾站、可周转洗漱池、可移动整体式样板等； 安全防护标准化设施包括：临边防护、楼梯临边护栏、洞口防护、安全门、围栏等	工程施工现场或其他临时生产、生活基地的临时设施与安全防护	1. 节材：多次周转使用； 2. 环保：减少垃圾产生； 3. 节地：占地小、节约场地； 4. 安全可靠、美观实用	应编制应用指导文件指导实施
58	寒区临时道路技术	利用已冻结的地面或冰面当作大型土石方工程运输临时道路，将堤防加高培厚用土料，冬季备至填筑作业面，待土方解冻时再进行分层筑坝的施工方法。节约了大量的修路土石方，防止临时道路占地而导致的草原、湿地、耕地或林地的破坏	适用于大江大河堤防沿线取土料场地下水位高，料场常规开采条件差的工程	1. 环保：保护土地环境； 2. 节地：减少土石方开挖	应编制应用指导文件指导实施
59	混凝土输送降噪技术	根据混凝土输送泵的大小搭设吸声降噪隔声棚，对输送管进行固定，减少震动噪声	适用于混凝土输送隔声降噪	环保：降低噪声污染	应编制应用指导文件指导实施
60	高层建筑封闭管道建筑垃圾垂直运输及分类收集技术	采用直径420mm的钢管，在建筑楼层内自下而上竖向设置，每层设置投料口，每隔三层设置一个缓冲器，同时在底部设置三级沉淀池和物料分离器及垃圾回收箱，实现自动将建筑垃圾分类收集。应用该技术很好的解决了建筑垃圾回收处理的难题，既做到减少施工投入，又起到了保护环境、文明施工的效果	适用于高层、超高层建筑楼层内施工垃圾的垂直运输及分类回收利用	1. 环保：减少扬尘； 2. 节材：垃圾管道可循环利用； 3. 建筑垃圾清运效率高	应编制应用指导文件指导实施
61	地铁工程渣仓自动喷淋降尘技术	将水通过微雾喷头喷出微雾水滴，达到自动清洁及防尘目的	适用于设置渣土仓的地铁隧道施工	环保：减少扬尘，改善作业环境质量	应编制应用指导文件指导实施

续表

序号	技术名称	主要技术性能和施工要点	适用条件及范围	绿色施工效果	应用要求
62	木工机械双桶布袋除尘技术	在木工锯上安装木工机械双桶布袋吸尘机，实现木工加工粉末的收集，大幅度减少木工锯锯切过程中的锯末粉尘污染	适用于施工现场木枋、模板加工	环保：控制粉尘扩散，大大改善作业环境质量	应编制应用指导文件指导实施
63	全自动标准养护室用水循环利用技术	标准养护室内部设置温度和湿度传感器，自动控制养护用水的启停，地面设置排水沟与三级沉淀池相连，实现养护用水的循环重复利用	适用于现场实验室养护用水的循环利用	节水：水资源循环利用	应编制应用指导文件指导实施
64	施工用车出场自动洗车技术	对出施工场地的施工用车采用全自动一体洗车技术，洗车用水循环利用。须定时段对沉淀池进行垃圾清理，并更换用水	适用于出施工现场的施工车辆	1. 节水：洗车用水循环使用； 2. 环保：保持出场车辆清洁	应编制应用指导文件指导实施
65	工地生活区节约用电综合控制技术	生活区工人宿舍采用低压照明系统＋安装USB插座供小型用电设备充电技术；定时、定额供电控制技术等	适用于施工现场生活区	节能：节约用电，保证安全	按照施工现场生活用电相关规范标准实施
66	现场临时变压器安装功率补偿技术	临时变压器安装功率补偿装置可提高功率因数，降低线路损耗，增加电路有功传输能力，减少输配电设备容量、改善供电质量，节能环保	适用于所有临时供电使用变压器的项目	节能：减少线路损耗	按照施工用电相关规范标准实施
67	LED灯应用技术	LED灯具有高效、省电、寿命长、无辐射、节能、环保、冷发光等特点，适合各种场所使用	适用于各种类型建筑施工现场	节能：电能消耗低	按照施工用电相关规范标准实施
68	临时照明声光控技术	主要由音频放大器、选频电路、延时开启电路和可控硅电路组成。根据自然光的亮度(或人为亮度)的大小，结合音频大小形成声光自动控制。实现日熄夜亮的效果，节约用电	适用于各种类型建筑施工现场	节能：电能消耗低	按照施工用电相关规范标准实施
69	油烟净化技术	将厨房内的高温油烟通过集烟罩、通风管道、风机、净化器、消声器、出风口进行净化处理后排放	适用于工地现场食堂的油烟净化处理	环保：减少污染物排放	按照施工现场环境要求组织实施
70	密闭空间临时通风及空气检测技术	在深井、密闭空间或冬期施工的暖棚等密闭环境内设临时通风口，安装可封闭型轴流风机进行换气，并对暖棚内空气质量进行监测。1. 安装风机，并在风机封闭阀安装电伴热装置，防止冷热交替结霜冻冰、妨碍封闭阀的开启和关闭；2. 对消防水池、深井等密闭空间按照测氧、测爆、测毒顺序检测密闭空间环境，临时通风2h以上	适用于密闭空间或冬期施工暖棚内等封闭环境的临时通风及监测作业	安全：保证施工安全和人员健康	应编制应用指导文件指导实施
71	成品隔油池、化粪池、泥浆池、沉淀池应用技术	1. 定型生产、重复使用；2. 搬运方便	适用于施工现场隔油池、化粪池、泥浆池、沉淀池	1. 节材：标准化、重复使用； 2. 环保：控制污染物排放	按照施工现场环境保护要求实施

续表

序号	技术名称	主要技术性能和施工要点	适用条件及范围	绿色施工效果	应用要求
十一、施工现场环境保护技术					
72	现场绿化综合技术	1. 根据地域、场所和生长环境选择速生植物绿化品种，起美化环境、防止扬尘作用；2. 利用施工余料自制可移动式盆栽绿化移动架，节约材料、美化环境；3. 利用多孔广场砖铺设办公及生活区地面，种植草皮，美化环境	适用于施工现场办公区、生活区的绿化	环保：美化施工现场环境，减少水土流失	应编制应用指导文件指导实施
73	现场降尘综合技术	1. 塔式起重机高空喷雾降尘技术：在塔式起重机前臂安装水管定时对建筑物四周进行喷雾降尘；2. 现场喷淋及爬架喷雾降尘技术：现场沿需喷淋降尘的区域周边设置喷淋管线，定时喷雾降尘。在爬架上设置喷雾系统时，喷雾系统随爬架一同爬升；3. 风送式喷雾机应用技术：采用风送式喷雾机定时喷雾降尘	适用于施工现场降尘	环保：减少扬尘	应编制应用指导文件指导实施
十二、其他技术					
74	可再生能源综合利用技术	利用太阳能、风能、空气能等可再生能源，在施工现场对自然能源的综合利用，用于生活热水、照明、取暖等	适用于施工现场、生活区用能	节能：有效节约化石能源	应编制应用指导文件指导实施
75	非传统水源回收与利用技术	利用蓄水池、循环水箱、雨水收集及沉淀设施收集并储存雨水、地下水及其他可重复利用的回收水，根据适用条件用于冲厕、现场洒水控制扬尘及混凝土养护等；洗车水循环使用	施工现场用水	节水：水资源重复利用	应编制应用指导文件指导实施
76	醇基燃料应用技术	1. 醇基燃料无毒、无残液、无烟尘、无有害废气、无积垢，为可再生环保清洁生物能源；2. 用普通金属或塑料容器就可以存储，无需高压钢瓶存储，安全经济	适用于施工现场生活用能	节能：替代常规能源	应编制应用指导文件指导实施
77	建筑垃圾减量化与再利用技术	1. 施工现场的建筑垃圾分类收集，采用新技术提高利用率；2. 现场桩基桩头破碎后用于基础碎石垫层，基坑支护的钢筋混凝土内支撑拆除破碎后用于场地回填；3. 钢筋废料用于制作马凳、排水沟盖板等，墙体砌块废料破碎用于回填，废旧模板、木枋用于现场安全防护设施、成品保护；4. 废弃混凝土与砖块等建筑垃圾经工厂破碎、清洗和筛分等加工处理成再生骨料，可用于制砖、再生混凝土、道路垫层等，减少建筑垃圾的排放，减少对天然集料的消耗，降低砂石开采对生态环境的破坏影响等	适用于施工现场的建筑垃圾管理与控制	节材：建筑垃圾回收利用； 环保：降低废物料排放	应编制应用指导文件指导实施

附件 11　住房和城乡建设部绿色施工科技示范工程管理实施细则（试行）

住房和城乡建设部
绿色施工科技示范工程
管理实施细则

（试行修订版）

住房和城乡建设部建筑节能与科技司

二○一五年四月

住房和城乡建设部绿色施工科技示范工程管理实施细则
（试 行）

第一章 【总则】

第一条 依据《住房和城乡建设部科学技术计划项目管理办法》《绿色施工导则》和《建筑工程绿色施工评价标准》（GB/T 50640-2010）特制定本管理实施细则。

第二条 本细则所称绿色施工科技示范工程（以下简称“示范工程”）是指在实施绿色施工过程中应用和创新先进适用技术，在节材、节能、节地、节水和减少环境污染等方面取得显著社会、环境与经济效益，具有辐射带动作用的建设工程施工项目。

第三条 本细则适用于示范工程的申报、立项审查、组织实施和验收管理。

第二章 【工作环节】

第四条 “示范工程”管理工作包括申报资料、立项审查、过程监督管理和指导、验收评审、颁发证书等环节。

第三章 【申报要求】

第五条 申报“示范工程”的项目一般应由项目施工单位组织或项目建设单位与项目施工单位联合组织。项目监理单位等相关单位参加。

第六条 申报“示范工程”的项目应合法、合规。

第七条 申报“示范工程”的项目应是具有一定规模的拟建或在建（主体尚未完工）项目，工程规模应符合以下要求：

1. 公共建筑一般应在 2 万 m^2 以上。

2. 住宅建筑：

（1）住宅小区或住宅小区组团一般应在 5 万 m^2 以上；

（2）单体住宅一般应在 2 万 m^2 以上；

（3）住宅建筑必须为全装修工程。

3. 应用重大、先导、高新技术的建筑可不受规模限制。

第八条 申报“示范工程”的项目应优先选用“建设事业推广应用和限制禁止使用技术公告”中的推广应用技术、“全国建设行业科技成果推广项目”或省、自治区、直辖市住房和城乡建设行政主管部门发布的推广项目等先进适用技术。选用未列入上述各类推广项目的技术，应按《建设部推广应用新技术管理细则》（建科［2002］222 号）的有关规定，由住房和城乡建设部建筑节能与科技司委托的有关单位或申报示范工程所在的省、自治区、直辖市住房和城乡建设行政主管部门组织技术论证。

第九条 凡申报“示范工程”的项目，应依照住房和城乡建设部《绿色施工科技示范工程技术指标（试行）》（附件 4）中的技术体系，并结合当地的绿色施工现状和发展计划，制定切实可行的绿色施工方案。绿色施工方案应包括：绿色施工考核指标、主要示范内容、绿色施工组织管理、现场环境保护、安全防护措施、节材与材料资源利用措施、节水与水资源利用措施、节能与能源利用措施、节地与施工用地保护措施、绿色施工的“四新”应用、绿色施工的技术创新点、绿色施工评价管理、主要机械设备详表、绿色施工购置清单、工作人员投入详表、施工总平面图布置等。

第四章　【申报流程】

第十条　“示范工程”通过住房和城乡建设部科学计划项目管理系统（以下简称“管理系统”）进行申报。管理系统网址为：http：//kjxm. mohurd. gov. cn。

第十一条　“示范工程”每年由住房和城乡建设部统一组织申报。项目申报单位登录到“管理系统”进行注册、填报项目信息。

第十二条　项目申报单位在线提交的申报材料经项目所在地省、自治区、直辖市住房和城乡建设行政主管部门（单位）科技处在线审核通过后，打印申报书（附件 1）及绿色施工方案一式四份，并报请到项目所在地省、自治区、直辖市住房和城乡建设行政主管部门（单位）签署意见后，报住房和城乡建设部建筑节能与科技司。

第五章　【立项审批】

第十三条　住房和城乡建设部建筑节能与科技司组织成立专家组对申报项目进行立项评审。专家组成员从住建部绿色施工科技示范工程专家库中遴选。

第十四条　通过评审的项目，经审核批准纳入住房和城乡建设部科技计划项目进行管理。

第六章　【指导和管理】

第十五条　“示范工程”由住房和城乡建设部建筑节能与科技司负责统一指导和管理，并委托中国土木工程学会总工程师工作委员会（以下简称“总工委”）负责“示范工程”的日常组织和指导管理工作。

第十六条　“示范工程”应根据工程进展情况和需要，由“总工委”组织实施建设过程监督和指导工作。

1. “总工委”根据项目申报的主体工程完成时间，统一组织过程监督和指导，项目实施单位应按照“总工委”的要求提交过程总结报告和项目建设单位、设计单位、监理单位的评价意见等资料；

2. “总工委”委派专家组成专家组，按照《住建部绿色施工科技示范工程技术指标（试行）》（以下简称“技术指标”），通过审阅项目绿色施工方案达标和主要示范内容在建设工程中的具体实施情况，以及技术创新点和先进适用技术应用对工程“四节一环保”的影响，对工程中关键性绿色施工示范内容，开展专家现场指导和技术培训工作，并出具咨询指导报告。

3. 项目承担单位根据过程专家现场指导意见，改进相关工作，修改完善有关资料，为项目验收做好准备。

第十七条　“示范工程”在实施过程中尽可能地采用数据记录，无法用数据表达的须有影像资料或文字说明。

第十八条　已被批准列为住房和城乡建设部科技计划的“示范工程”项目，有下列情形之一的，经与有关方面协商后，可以取消或更改：

1. 《住房和城乡建设部科学技术计划项目管理办法》第三章第二十一条中任意一款；

2. 《建筑工程绿色施工评价标准》3.0.3；

3. 不符合国家产业政策，使用国家主管部门以及行业明令禁止使用或者属淘汰的材料、技术、工艺和设备；

4. 转包或者违法分包；

5. 违反建筑法律法规，被有关执法部门处罚。

第七章 【验收】

第十九条 “示范工程”自申报的竣工日期起3个月内，由项目承担单位登录到“管理系统”（http：//kjxm.mohurd.gov.cn）提交验收申请，由住房城乡建设部建筑节能与科技组织验收。

第二十条 项目承担单位在线提交的验收申请材料经项目所在地省、自治区、直辖市住房和城乡建设行政主管部门（单位）科技处审核通过后，打印《住房和城乡建设部绿色施工科技示范工程验收申请表》一式两份，经项目所在省级住房城乡建设主管部门（单位）签署意见后连同项目总结报告报住房城乡建设部建筑节能与科技司。

第二十一条 验收专家从“住建部绿色施工专家委员会”中遴选，每项“示范工程”验收委员会一般由7～9名专家组成。

第二十二条 “示范工程”验收评审的主要内容：

1. 提供的验收评审资料是否完整齐全；

2. 是否完成了申报实施规划方案中提出的绿色施工的全部示范内容；

3. “示范工程”中各有关主要指标是否达到“技术指标”的要求；

4. 对过程咨询指导报告中提出的整改建议是否认真有效的进行了落实；

5. “示范工程”采用“建设事业推广应用和限制禁止使用技术公告”中的推广应用技术、“全国建设行业科技成果推广项目”或省、自治区、直辖市住房和城乡建设行政主管部门发布的推广项目等先进适用技术和经过专家论证的创新技术以及对“四节一环保”的影响。

6. 项目业主、项目监理、项目设计单位对项目实施过程的书面评价意见。

7. 工程质量安全情况：本项目是否发生过《生产安全事故报告和调查处理条例》（国务院令第493号）规定的较大事故以上等级的质量、安全事故；

第二十三条 验收专家听取项目承担单位的汇报、核查验收资料，并根据“技术指标”、项目整改情况和主要示范内容完成情况，提出评审意见。

第二十四条 验收评审意见形成后，由验收委员会主任、副主任共同签字生效。验收结论分为通过验收和不通过验收。

第二十五条 验收的依据为住房城乡建设部科学技术计划、“技术指标”、项目过程指导报告以及执行期间下达的有关文件。

第二十六条 因工程延期等原因不能按期验收的，必须在所申报的完成日期前一个月内提出书面延期申请。延期超过一年仍不能进行验收的“示范工程”项目，“管理系统”将自动对项目进行撤销处理。

第八章 【验收文件】

第二十七条 提出验收评审申请的“示范工程”承担单位应提交以下验收评审资料：

1. 住房和城乡建设部科学技术计划；

2. 建筑竣工验收证明；

3. 工程质量验收文件；

4. 实施过程咨询指导报告；

5. 能够验证绿色施工指标完成情况的所有记录文件；

6. 绿色施工验收自评表；

7. 绿色施工综合总结报告（综合叙述绿色施工组织和管理及采用的四节一环保措施，材料、设备和技术应用情况；分析施工过程中的技术创新点和节能减排的成效以及值得借鉴的经验，绿色施工的经济效益与社会效益分析）；

8. 对项目概况、创新点介绍的 PPT 文件；

9. 项目业主、项目总监、项目设计单位对项目实施过程的书面评价意见；

10. 验收文件封面所列单位必须有对应单位公章；相关验收文件必须有申报单位公章；证明资料必须有证明单位公章。

第九章　【颁发证书】

第二十八条　对已通过验收的"示范工程"项目，颁发住房和城乡建设部绿色施工科技示范工程验收证书。

第十章　【附则】

第二十九条　本细则由住房和城乡建设部建筑节能与科技司负责解释。

第三十条　本细则 2015 年 4 月修订，自 2015 年 5 月 1 日起试行。

附件 12　住房和城乡建设部绿色施工科技示范工程验证资料（中期）

住房和城乡建设部绿色施工科技示范工程验证资料（中期）

一、中期总结报告

1. 中期报告（WORD 版）

2. 项目汇报材料（PPT 版）

二、绿色施工科技示范工程实施方案及推广计划

三、监理单位出具的《质量安全证明》

四、各类证明文件（以下均需按照“科技示范管理、环境保护、节材与材料资源利用、节能与能源利用、节水与水资源利用、节地与施工用地保护、人力资源节约与职业健康安全”七个部分进行分类整理、归纳），以供现场验收查验。包括但不限于：

1. 过程的关键照片和视频文件

反应关键示范内容、对节能减排降耗和环境保护具有突出效果的技术措施在执行过程中的照片和视频文件。

反映各项措施实施过程的照片，如：关键技术重要节点、部位等的施工、安全防护措施、雨水收集系统、员工培训、垃圾回收站等。

2. 经审批的方案、制度文件、培训文件

经公司正式流程审批、盖章和相关人员签字的方案、制度等文件。

方案及制度包括但不限于：

（1）绿色施工科技示范工程实施方案及推广计划

（2）“四节一环保”专项方案及各项管理制度

（3）科技示范工程管理专项方案及各项管理制度

（4）科技创新计划及“双优化”的策划方案

（5）人力资源及职业健康专项方案及各项管理制度等。

3. 考核指标执行情况的过程记录

根据项目立项初期制定的目标指标，分阶段、分部位进行分解，并制定相应的过程记录，目的是为阶段性总结分析和最终完成的目标提供计算的依据。

4. 各类检验检测报告

包括：厂界空气质量、噪声、车辆及设备尾气、进场材料、污废水排放前的自检及第

三方的检测报告、非传统水用于施工中的前期检测报告等。

5. 平面布置图

应包括各施工阶段的施工总平面布置图，重点是通过深化设计、方案优化、新技术应用与创新，充分利用原有构筑物、道路、管线，体现不同阶段的重点。

6. 各类评价文件

技术指标中要求要分阶段定期对主要研究内容（示范内容）、技术指标等前期工作成效进行评价（自评、公司评价），并形成评价报告，对取得的成果加以继续推广应用，对于不足之处要加以改进完善。

7. 对比分析报告

指为完成主要研究内容（示范内容）和制定的量化指标，对所采取的技术、措施及优化方案进行的对比分析，及实施过程中每个施工阶段定期进行的对比分析后形成的报告，其目的是找出不足，加以改进，不断完善和提高，保质保量完成研究任务。

重点包含：

(1) 对所取得的效果与目标进行对比分析，以此检查能源消耗、资源浪费和环境污染等各项技术指标、技术措施及绿色方案是否科学、合理；同时总结出值得借鉴的经验及需要改进的措施；

(2) 检查在施工过程中能源和自然资源消耗、生态环境改变、水资源利用的合理程度和合法性，对当前的材料消耗、环境保护和人员健康做出正确评估；

(3) 分析施工过程中方案优化前后的成效；

(4) 对绿色施工的经济效益（实施绿色施工的增加成本、实施绿色施工的节约的成本）进行总结分析；

(5) 分析企业通过绿色施工是否提高了节能、降耗的环保意识，企业的技术创新、新技术应用和现代化管理水平是否得到整体提升；

(6) 对存在的问题和值得借鉴的经验进行自我评价。

8. 鉴定报告、工法、论文、专利等证书

附件 13　住房和城乡建设部绿色施工科技示范工程验证资料（验收）

住房和城乡建设部绿色施工科技示范工程验证资料（验收）

一、验收总结报告

1. 研究报告（WORD 版）

2. 项目汇报材料（PPT 版）

二、绿色施工科技示范工程实施方案及推广计划

三、工程竣工验收证明文件

四、监理单位出具的《质量安全证明》

五、针对中期指导意见的整改报告及相关证明

六、各类证明文件（以下均需按照“科技示范管理、环境保护、节材与材料资源利用、节能与能源利用、节水与水资源利用、节地与施工用地保护、人力资源节约与职业健康安全”七个部分进行分类整理、归纳），以供现场验收查验。包括但不限于：

1. 过程的关键照片和视频文件

反应关键示范内容、对节能减排降耗和环境保护具有突出效果的技术措施在执行过程中的照片和视频文件。

反映各项措施实施过程的照片，如：关键技术重要节点、部位等的施工、安全防护措施、雨水收集系统、员工培训、垃圾回收站等。

2. 经审批的方案、制度文件、培训文件

经公司正式流程审批、盖章和相关人员签字的方案、制度等文件。方案及制度包括但不限于：

（1）绿色施工科技示范工程实施方案及推广计划

（2）“四节一环保”专项方案及各项管理制度

（3）科技示范工程管理专项方案及各项管理制度

（4）科技创新计划及“双优化”的策划方案

（5）人力资源及职业健康专项方案及各项管理制度

等。

3. 考核指标执行情况的过程记录

根据项目立项初期制定的目标指标，分阶段、分部位进行分解，并制定相应的过程记录，目的是为阶段性总结分析和最终完成的目标提供计算的依据。

4. 各类检验检测报告

包括：厂界空气质量、噪声、车辆及设备尾气、进场材料、污废水排放前的自检及第三方的检测报告、非传统水用于施工中的前期检测报告等。

5. 平面布置图

应包括各施工阶段的施工总平面布置图，重点是通过深化设计、方案优化、新技术应用与创新，充分利用原有构筑物、道路、管线，体现不同阶段的重点。

6. 各类评价文件

技术指标中要求要分阶段定期对主要研究内容（示范内容）、技术指标等前期工作成效进行评价（自评、公司评价），并形成评价报告，对取得的成果加以继续推广应用，对于不足之处要加以改进完善。

7. 对比分析报告

指为完成主要研究内容（示范内容）和制定的量化指标，对所采取的技术、措施及优化方案进行的对比分析，及实施过程中每个施工阶段定期进行的对比分析后形成的报告，其目的是找出不足，加以改进，不断完善和提高，保质保量完成研究任务。

重点包含：

（1）对所取得的效果与目标进行对比分析，以此检查能源消耗、资源浪费和环境污染等各项技术指标、技术措施及绿色方案是否科学、合理；同时总结出值得借鉴的经验及需要改进的措施；

（2）检查在施工过程中能源和自然资源消耗、生态环境改变、水资源利用的合理程度和合法性，对当前的材料消耗、环境保护和人员健康做出正确评估；

（3）分析施工过程中方案优化前后的成效；

（4）对绿色施工的经济效益（实施绿色施工的增加成本、实施绿色施工的节约的成本）进行总结分析；

（5）分析企业通过绿色施工是否提高了节能、降耗的环保意识，企业的技术创新、新技术应用和现代化管理水平是否得到整体提升；

（6）对存在的问题和值得借鉴的经验进行自我评价。

8. 鉴定报告、工法、论文、专利等证书